ÉTUDE

SUR LES

ANIMAUX

DE L'ANJOU

(MAMMIFÈRES)

PAR

AIMÉ DE SOLAND

Président de la Société Linnéenne du département de Maine-et-Loire
Directeur du Bulletin historique et monumental de l'Anjou.

ANGERS,

IMPRIMERIE P. LACHÈSE, BELLEUVRE ET DOLBEAU,

13, Chaussée Saint-Pierre, 13.

1868

A

M. ÉMILE BLANCHARD

MEMBRE DE L'INSTITUT,

PROFESSEUR-ADMINISTRATEUR AU MUSÉUM D'HISTOIRE NATURELLE DE PARIS.

Témoignage d'une sincère affection.

AIMÉ DE SOLAND.

ÉTUDE

SUR

LES ANIMAUX

DE L'ANJOU

(MAMMIFÈRES)

Autant l'ornithologie de Maine et Loire a été l'objet de savants travaux, autant les études sur les mammifères ont été complétement négligées. Nous avons pensé qu'il y avait là une lacune à combler dans notre faune ; aussi avons-nous essayé de la remplir.

Ce n'est qu'après bien des années de recherches et d'observations, que nous nous sommes décidé à livrer à la publicité cet opuscule ; s'il peut être de quelque utilité pour la science, ce sera la plus douce récompense de nos peines et de nos efforts.

Angers, le 15 mars 1868.

A. DE S.

3e ORDRE. — LES CARNASSIERS[1]

Caractères. — Trois sortes de dents modifiées selon le genre de nourriture; point de pouce opposable à leurs pieds antérieurs; nombre de mamelles variable.

Première Famille. — CHÉIROPTÈRES.

Les animaux qui doivent nous occuper, au commencement de cette étude sur les Mammifères de l'Anjou, sont les Chéiroptères. Ces *oyseaux de tenèbres*, comme on les appelait au XIIIe siècle, ont été de tout temps un sujet d'horreur et de dégoût.

Moïse place les chauves-souris au nombre des êtres immondes, dont le peuple de Dieu ne doit jamais manger la chair[2], ce qui semble prouver contradictoirement, que d'autres peuples la mangeaient.

Les Grecs semblent les avoir prises pour modèle de leurs harpies.

Les récits du moyen âge montrent les sorcières chevauchant, dans les airs, sur un balai et se rendant au sabbat guidées, dans leur fantastique voyage, par les chauves-souris.

Les artistes de cette époque représentent presque toujours la Mort avec un cortége de ces tristes animaux, et maintes fois les *ymagiers* ont sculpté sur les chapiteaux, sur les gargouilles de nos églises, l'ange déchu, l'esprit du mal, ayant sur ses épaules des ailes de chauves-souris.

[1] Il n'entre pas dans le plan de ce travail de parler des deux premiers ordres de mammifères, c'est-à-dire :

1° Des BIMANES, genre Homme (*Homo*);

2° Des QUADRUMANES, dont nous ne sommes point les descendants et qui n'habitent pas notre pays.

[2] Omnes aves mundas comedite. Immundas ne comedatis, aquilam scilicet, et gryphem, et haliæetum, ixion, et vulturem ac milvum juxta genus suum : et omne corvini generis, et struthionem, ac noctuam, et larum, atque accipitrem juxta genus suum : herodium ac cygnum, et ibin, ac mergulum, porphyrionem, et nycticoracem, onocrotalum, et charadrium, singula in genere suo : upupam quoque et vespertilionem. (*Liber Deuteronomii*, cap. XIV, ℣. 11 à 18.)

Les poëtes les ont regardées comme les compagnes assidues des démons, des spectres, des apparitions, et les hôtes des cimetières.

La nuit, quand les démons dansent sous le ciel sombre,
Tu suis le char magique en tournoyant dans l'ombre :
L'hymne infernal t'invite au concert malfaisant.
Fuis ! car un doux parfum sort de ces fleurs nouvelles,
Fuis, il faut à tes mornes ailes
L'air du tombeau natal et la vapeur du sang [1].

Enfin le bon La Fontaine l'a prise, dans ses Fables, pour type de la duplicité :

Je suis oiseau, voyez mes ailes ;
Je suis souris, vivent les rats [2] !

Ces Mammifères de sinistre aspect ont été, pendant longues années, regardés par les naturalistes comme des oiseaux. Aristote les définit « des oiseaux à ailes de peau ; » il hésite à savoir si les chauves-souris sont des volatiles, à cause de leurs pieds, mais il n'ose les regarder comme des quadrupèdes, ne les voyant pas pourvues de quatre pattes bien distinctes. Ses réflexions, sur l'absence de queue et de croupion qu'il remarque chez les Chéiroptères, le conduisent à des idées théoriques, qui ne sont appuyées sur aucune observation.

Pline s'occupe seulement de la chauve-souris pour dire qu'il existe des oiseaux qui engendrent leurs petits vivants et qui les allaitent au moyen de mamelles.

Aldrovandre est le premier naturaliste qui étudia sérieusement les Chéiroptères. Mais, cédant aux préjugés de son siècle, il fit de la chauve-souris et de l'autruche une même famille ; il motive ce classement, sur ce que ces deux espèces d'oiseaux participent également de la nature des quadrupèdes.

Scaliger regarde la chauve-souris comme un être merveilleux ; il lui trouve deux pieds, puis quatre. Elle marche sans pattes, dit-il, vole sans ailes ; elle voit lorsqu'il n'y a pas de lumière, et cesse de voir quand l'aurore paraît. C'est, ajoute-t-il, le plus singu-

[1] Victor Hugo, *Odes et Ballades*, livre V, ode V, la Chauve-Souris.
[2] La Fontaine, livre II, fable v, la Chauve-Souris et les deux Belettes.

lier de tous les oiseaux, puisqu'il a des dents et est privé de bec [1].

Linné la rangea dans un même ordre avec l'homme et les singes. Ce célèbre naturaliste ne craignit pas de donner aux uns et aux autres un nom semblable. Ainsi, il les désigna tantôt sous celui d'*antromorphœ*, « être à visage humain, » tantôt sous celui de *primates*, « animaux du premier rang. »

Cette classification parut d'abord fort extraordinaire; mais le grand nom de Linné suffit pour la consacrer.

Aujourd'hui, les chauves-souris sont admises dans l'ordre des Carnassiers. Le mot « carnassier » pris dans son acception rigoureuse ne devrait réellement appartenir qu'aux animaux qui se nourrissent de chair exclusivement. Les Chéiroptères étant insectivores, devraient donc être compris dans une autre catégorie. Mais les maîtres de la science, s'étant surtout préoccupés des mœurs et du caractère des animaux ayant la même analogie, ont admis dans l'ordre des Carnassiers les chauves-souris, ainsi que d'autres espèces insectivores.

Les Chéiroptères sont très-intéressants à étudier, et jamais on ne dira sur eux le dernier mot.

D'habitudes tristes, ils passent la majeure partie de leur existence dans les caves, dans les greniers, dans les souterrains, dans les carrières, dans les ruines, dans les troncs d'arbres creux, etc. Engourdis pendant la rigoureuse saison, ils sortent de leur état de torpeur lorsque la douce température arrive, et se montrent au moment du crépuscule [2]. Mais, pour cela, il ne faut pas de vents violents; que l'orage gronde, que l'éclair sillonne la nue, que le temps soit brumeux, qu'il fasse le moindre froid, ces singuliers animaux, doués d'une sensibilité extrême, ne peuvent impunément braver ces variations de l'atmosphère, de sorte qu'ils sont quelquefois, outre l'époque hivernale, longtemps sans prendre de nourriture. Vivant

[1] Le *Dictionnaire de Trévoux*, MDCCLXXI, définit ainsi la chauve-souris : « petit oiseau nocturne, dont les ailes, au lieu de plume, sont de peau et de cartilage; il ressemble à une souris, il n'a ni bec ni plume. »

[2] M. Courtiller jeune a été témoin d'un fait très-singulier : il a vu en plein hiver, par un froid de 10 à 12 degrés, lorsque la terre était couverte de neige, des chauves-souris voler en plein jour dans la cour de la mairie de Saumur.

d'insectes ailés, il leur est impossible de les capturer autrement qu'en plein air. Aussi, lorsqu'il leur est permis de chasser, s'en donnent-ils à cœur joie et le font-ils avec une ardeur téméraire, qui souvent leur est funeste. On ne se figure pas la gloutonnerie des chauves-souris. Il arrive, et j'ai constaté ce fait, qu'ayant avalé une grande quantité d'insectes, elles tombent à terre comme un homme ivre, n'ayant plus la force de diriger leur vol ; ou bien, s'accrochant aux aspérités d'un mur, elles n'en bougent plus tant que la digestion n'est pas faite. Mais malheur à elles, si un hibou ou une chouette de mauvais présage les aperçoivent dans leur course nocturne ; les dévorer est pour eux l'affaire d'un instant.

J'ai remarqué un jour, sur un pré, un rhinolophe grand-fer-à-cheval, qui avait la peau du ventre très-tendue. Je l'étouffai et voulus ensuite l'empailler. Quand je lui ouvris l'abdomen avec un scalpel, je le trouvai littéralement plein d'insectes ; il y en avait même jusque dans son gosier. Presque tous appartenaient à la famille des cousins. Les abajoues, qui garnissent la bouche, étaient bourrées de petits insectes.

Malgré sa voracité, la chauve-souris est prévoyante. Peut-être le lendemain du jour où elle a fait une bonne chasse lui faudra-t-il rester au gîte. Aussi ses abajoues sont-elles de véritables garde-manger. C'est lorsqu'elle en retire les insectes qui y sont entassés que ses dents lui sont utiles, car, lorsqu'elle attrape sa proie au vol, elle l'engloutit absolument comme le fait l'engoulevent, *caprimulgus europæus. L.*

Généralement les Chéiroptères font peu de pérégrinations lointaines ; ils tournent constamment autour du vieux château qui leur sert d'abri, de la ruine où ils trouvent asile.

Il m'est arrivé de prendre une chauve-souris (la pipistrelle), qui, par une soirée d'été, s'était hasardée à entrer dans ma chambre, et de lui attacher aux deux extrémités des ailes deux petits fils rouges, de manière à ne gêner en rien son vol ; l'ayant relâchée, je la vis, je puis dire, à peu près le reste de la saison voltigeant à l'heure du crépuscule autour de ma demeure, et je suis persuadé que, si elle eût pu conserver jusqu'au printemps la marque que je lui avais mise, je l'aurais de nouveau vue à cette époque décrire au même lieu ses capricieux circuits.

Dans le *Dictionnaire universel d'histoire naturelle*, je lis, dans un savant article sur les Chéiroptères, cette phrase :

« Ces animaux ne sont nullement faciles à observer vivants; privés de leur liberté, ils ne tardent pas à périr, quelque soin qu'on prenne pour les conserver. »

Pour prouver cette affirmation, l'auteur cite les observations faites à ce sujet par M. G. Daniell sur les habitudes de la pipistrelle et de la noctule [1].

[1] En juillet 1833, M. Daniell reçut cinq femelles fécondées de pipistrelles, et les mit dans une cage où elles furent fort turbulentes; elles mangeaient avec avidité les mouches et la viande crue, mais refusaient obstinément la viande cuite. Lorsqu'une mouche entrait dans la cage, elles l'étourdissaient d'un coup d'aile, et se jetaient sur elle, les ailes étendues, comme pour lui fermer la retraite. La mastication et la déglutition étaient lentes et pénibles; plusieurs minutes étaient nécessaires pour dévorer une grosse mouche. Au bout de dix-neuf jours, les cinq pipistrelles étaient mortes; à l'autopsie, on trouva qu'elles ne portaient qu'un seul petit.

Le 16 mai 1834, M. Daniell se procura quatre femelles et un mâle appartenant au genre noctule; le mâle était très-sauvage, cherchait sans cesse à s'échapper et mourut au bout de dix-huit jours. Après avoir refusé toute espèce de nourriture, trois femelles succombèrent peu après; celle qui survécut, fut nourrie avec du foie et du cœur de volaille, qu'elle mangeait à peu près comme eût fait un chien; elle mettait un soin particulier à sa toilette, employait beaucoup de temps à nettoyer sa fourrure, et à la partager en deux portions par une raie droite qui suivait le milieu du dos; pour cela elle se servait des extrémités postérieures comme d'un peigne. Elle mangeait beaucoup, relativement à son poids, et se tenait presque constamment pendue au sommet de sa cage, ne quittant cette position que le soir, pour prendre sa nourriture.

Le 23, M. Daniell ayant remarqué que cette noctule paraissait fort inquiète, l'observa avec soin, et fut témoin de son accouchement. Après une heure d'agitation environ, la noctule s'accrocha par les membres antérieurs, étendit ses pieds de derrière et roula sa queue, de manière à former avec la membrane inter-femorale une espèce de poche dans laquelle fut reçu un petit, de taille relativement assez forte, entièrement nu et aveugle. Un cordon ombilical long de deux pouces l'attachait à la mère, qui ne tarda pas à le couper; puis elle se mit à lécher et à nettoyer son petit. Cela fait, elle reprit sa position accoutumée et enveloppa si bien le petit avec ses ailes, qu'il fut impossible d'observer le mode d'allaitement. Le lendemain elle mourut, et l'on trouva la jeune noctule adhérente encore à la mamelle, on essaya de la nourrir à l'aide d'une éponge imbibée de lait; mais elle succomba à son tour, au bout de huit jours, sans que ses yeux fussent ouverts; quelques poils seulement commençaient à se montrer sur son corps.

Je mets en fait ceci, c'est qu'il n'existe dans notre pays aucun être du règne animal qui ne puisse vivre en captivité. Pour les uns, il faudra prendre beaucoup de précautions ; pour d'autres, le naturaliste sera obligé d'étudier avec un soin tout particulier les habitudes du mammifère qu'il voudra garder près de lui ; mais, avec de la persévérance, on sera toujours sûr d'arriver à un bon résultat.

Ainsi, j'ai conservé, plus d'un an, un grand rhinolophe dans une boîte. Pendant toute la journée, il restait accroché la tête en bas, suivant les habitudes des chauves-souris, aux parois des planches, qui étaient mal rabotées afin de donner prise à ses ongles. Je lui présentais des mouches qu'il dévorait avec avidité, mais après les avoir abattues d'un coup d'aile. Le jour, il restait dans un état de torpeur, mais, la nuit, il faisait un tel bruit, qu'il me fut impossible de le conserver dans un appartement habité. Je dis que j'ai conservé un rhinolophe grand-fer-à-cheval, plus d'une année, en captivité ; peut-être l'aurais-je conservé davantage, si, par une négligence dont j'eus à me repentir, je n'avais laissé un soir la porte mal fermée ; le lendemain matin, lorsque je voulus lui faire ma visite accoutumée, je trouvai la cage vide et ne pus jamais remettre la main sur mon prisonnier, qui aura probablement été la proie des chats.

Il m'est arrivé d'être souvent, un jour ou deux, sans lui donner de nourriture. L'abstinence forcée que je lui faisais faire n'occasionnait chez lui aucun symptôme d'affaiblissement.

C'est sur ce rhinolophe que j'ai étudié la marche des chauves-souris. Quand une chauve-souris est poursuivie et qu'elle tombe à terre, il lui est impossible de se soustraire à son ennemi ; la nature ne lui a pas donné des pattes, qui puissent, comme aux quadrupèdes, lui faciliter une course rapide.

C'est à l'aide de ses ailes reployées et qui lui servent de jambes de devant, qu'elle se hasarde à marcher, et, lorsque après plusieurs culbutes elle a pris son aplomb, elle va encore assez vite, surtout si on lui tient compte des innombrables efforts qu'elle est obligée de faire. Mais, pour s'envoler, il faut qu'elle atteigne un endroit élevé ; quelque petit qu'il soit, cela lui suffit. Sur une surface plane, elle ne pourra jamais prendre que de pénibles allures. Chaque fois que je mettais mon rhinolophe à terre, dans une chambre, son premier mouvement était d'essayer de s'accrocher à une plinthe de la boiserie, et lorsqu'il y était parvenu, ce point d'appui lui suffisait pour s'élancer et étendre ses ailes.

J'avais mis, un soir, dans une même cage quatre rhinolophes, deux femelles et deux mâles. Le lendemain, faisant mon inspection, je trouvai les deux mâles dans un état horrible à voir, le museau plein de sang, le ventre ouvert, les ailes déchirées, et donnant à peine signe d'existence. Quant aux femelles, elles étaient pleines de vie, et semblaient n'avoir pris aucune part au drame terrible dont elles étaient innocemment la cause.

Au bout d'un mois, une des femelles mourut. La dernière est celle que j'ai conservée si longtemps. Je ne dirai point que j'étais parvenu à l'apprivoiser complétement, mais, ce que je puis affirmer, c'est que, m'ennuyant à faire la chasse pour elle, j'avais pris le parti de la saisir au crépuscule par la peau du cou, et de la présenter ainsi devant une vitre où se trouvaient des mouches en grande quantité. Le premier jour, elle se débattit fortement et ne toucha à aucune. Le second, elle se débattit moins et commença à en manger quelques-unes. Enfin, le troisième jour, elle avait pris son parti, et s'habitua tellement à cet exercice, que chaque fois que je la présentais à la fenêtre, elle agitait ses ailes et poussait des petits cris de joie.

Au dernier siècle, la faculté de médecine d'Angers prescrivait aux poitrinaires la chair de la chauve-souris, comme étant excellente à manger et d'une digestion facile [1].

Elles étaient, alors, pour les paysans, le sujet d'une spéculation. Ils les vendaient bon prix aux apothicaires. Outre la recherche qu'ils en faisaient dans les caves, les souterrains, etc., ils avaient encore plusieurs moyens de s'en emparer. Ainsi, le vol lent et irrégulier des Chéiroptères permettait de les atteindre avec des filets et des perches. Connaissant leur gloutonnerie, les chasseurs attachaient au bout d'une ligne un insecte. La chauve-souris ne voyait jamais le piége qui lui était tendu et se faisait prendre à cet appât grossier.

[1] Université d'Angers, faculté de médecine, liasse 4.

Scaliger et quelques auteurs, entre autres le docteur Louis Lemery, prétendent «que les chauves-souris sont fort estimées dans plusieurs endroits pour leur bon goût. Ils disent même qu'aux pays orientaux, elles sont plus délicates et plus agréables que nos poules domestiques.»

La chauve-souris a des ennemis acharnés dans les oiseaux nocturnes. La chouette, le chat-huant, les hiboux en sont très-friands et en détruisent un grand nombre. De plus, il y a des espèces qui se font entre elles une rude guerre, comme nous aurons occasion d'en parler en étudiant les divers Chéiroptères qui habitent l'Anjou.

GENRE RHINOLOPHE. — RHINOLOPHUS (GÉOFF.).

CARACTÈRES. — Nez placé dans une cavité bordée de membranes, ayant la forme d'un fer à cheval au-dessus duquel s'élance une feuille; les oreilles sont moyennes et n'ont pas d'oreillons. — Quant à la queue, elle est entièrement enveloppée dans la membrane inter-fémorale. — Trente-deux dents, quatre incisives en bas et deux plus petites en haut, cinq molaires à la mâchoire supérieure, six à l'inférieure.

LE GRAND-FER-A-CHEVAL. — RHINOLOPHUS UNIHASTATUS (GÉOFF.). — VESPERTILIO FERRUM-EQUINUM (DAUB.).

CARACTÈRES. — Pelage fauve au-dessus, clair au-dessous, feuille nasale double, la postérieure est en fer de lance, l'antérieure est sinueuse au sommet et aux bords, oreilles grandes et pointues, membranes brunes. Longueur de la tête aux pieds, sept centimètres; envergure, 27 centimètres.

Il existe de cette espèce une variété de couleur isabelle (perrières de la Touche, commune de Martigné-Briant).

Quand arrive l'automne, les Rhinolophes grand-fer-à-cheval sont généralement très-gras, leur peau alors suinte une liqueur épaisse et luisante qui, en se répandant sur les poils du ventre, produit une odeur désagréable.

Sur les limites de la commune de Martigné-Briant, près le ruisseau de *Bel-Air*, commune de Chavagnes-les-Eaux, au lieu appelé La Touche, sont d'anciennes carrières de pierres coquillières, qui furent pour la première fois explorées par les deux naturalistes [1] qui ont écrit l'intéressante Flore de l'Anjou, intitulée : *Herborisations de feu M. Merlet de la Boulaye, ancien professeur de botanique à Angers*. Ces carrières servent de refuge aux Rhinolophes. Pour pénétrer dans ces carrières, il faut d'abord entrer dans un trou qui ressemble assez à celui d'un blaireau ; après avoir rampé à plat ventre pendant quelques minutes, on pénètre dans de vastes salles, ou l'on trouve, suspendu aux parois du mur, le *rhinolophus unihastatus*. A la vue de la lumière (car si on n'a pas de torche, on reste dans l'obscurité la plus complète), les chauves-souris se mettent à voltiger autour du flambeau, puis viennent reprendre leur position d'immobilité, c'est-à-dire, elles se placent la tête en bas et les pieds en haut, accrochées aux aspérités de la muraille.

Un fait assez curieux, c'est que, dans ces salles ou plutôt ces compartiments, on ne trouve jamais ensemble le mâle et la femelle. Après les amours, les mâles abandonnent complétement les mères et vivent à part. Ces dernières portent leurs petits attachés à leurs mamelles (comme du reste toutes les chauves-souris), qu'elles soulèvent en repliant leur membrane inter-fémorale.

Les rhinolophes produisent deux petits et souvent un seul. C'est sur des rhinolophes que l'abbé Spallanzani a fait l'expérience suivante. Après avoir arraché les yeux à plusieurs de ces animaux, il les lâcha dans sa chambre, et les vit se diriger avec la même sûreté et voltiger dans son appartement sans jamais se heurter au plafond.

C'est ce qui avait conduit ce physiologue à regarder les chauves-souris comme douées du sixième sens, qui leur révélait l'approche d'un obstacle solide.

La chauve-souris à l'état de repos, se place la tête en bas et les pieds en haut, en s'enveloppant dans ses ailes comme dans un manteau. Dans cette position, il lui est fort difficile de vider. Aussi, voici le moyen qu'elle emploie lorsqu'elle en sent le besoin.

[1] Ces deux naturalistes sont MM. Pantin du Plessis et Davy de la Roche. J'ai été très-surpris de trouver, dans *l'Annuaire de l'Institut des provinces*, le nom d'une autre personne (qui en ces derniers temps se livre à la poésie), comme étant l'auteur de ce travail, qu'elle n'a jamais écrit, ni payé.

Elle met une de ses pattes en liberté d'agir et en profite pour heurter plusieurs fois la voûte. Le corps mis, par ses efforts, en mouvement, oscille et balance sur les deux ongles de l'autre patte, lesquelles forment par leur égalité et leur parallélisme une ligne droite comme serait l'axe d'une charnière. Quand la chauve-souris est parvenue au plus haut point de la courbe qu'elle décrit, elle abat le bras et cherche sur les côtés un point d'appui pour y accrocher l'ongle qui le termine, celui du pouce de l'extrémité antérieure. C'est dans cette situation horizontale, le ventre en bas, qu'elle peut vider sans salir sa robe. Cette opération ne dure pas plus de trois secondes. C'est sur des rhinolophes que j'ai fait cette observation.

Quand on entre dans des carrières où se trouvent en grand nombre des chauves-souris, surtout des rhinolophes, on est suffoqué par une odeur fétide qui provient de la fiente de ces animaux.

Le rhinolophe grand-fer-à-cheval a été étudié, pour la première fois, en France, en 1759, par Daubenton.

Assez commun. Château d'Angers, clochers de l'église cathédrale Saint-Maurice, dans le Baugeois et dans le Saumurois.

LE PETIT-FER-A-CHEVAL. — Rhinolophus Bihastatus (Géoff.).

Caractères. — De trois huitièmes plus petit que le grand-fer-à-cheval ; le front est formé de deux pièces, en forme de lance, placées par-dessus l'une et l'autre oreille, plus sinueuses que celles du *Rhinolophus-unihastatus*.

Lorsqu'on voit cette chauve-souris suspendue à une voûte, on est tenté de la prendre pour une chrysalide, tant elle est resserrée dans la membrane de ses ailes.

On la trouve généralement aux mêmes lieux que la précédente ; cependant elle est moins commune.

Genre VESPERTILION. — Vespertilio (Géoff.).

Caractères. — Museau dépourvu de feuille sans chanfrein sillonné. Oreilles séparées sur la tête ou réunies à leur base; l'oreillon interne, mâchoire inférieure quatre incisives, très-rarement deux; la queue est enveloppée dans la membrane inter-témorale.

I.

Oreillon en forme d'haleine.

VESPERTILION MURIN. — Vespertilio Murinus (Linn.).

Caractères. — Oreilles ovales, inclinées en arrière, de la longueur de la tête; oreillons falciformes, pelage d'un brun roussâtre en dessus, d'un gris blanc en dessous. Face nue, front très velu, narines renflées sur les bords. Longueur neuf centimètres, envergure trente-trois centimètres, bras six centimètres cinq millimètres; doigt du milieu neuf centimètres cinq millimètres; quatrième doigt huit centimètres cinq millimètres; cinquième doigt, environ huit centimètres, pieds deux centimètres trois millimètres; queue quatre centimètres.

Ce vespertilion est très-méchant; il est la terreur des autres chéiroptères, qui à sa vue prennent la fuite en poussant des cris.

L'été, dans les douves sèches du château d'Angers, on voit souvent à terre des chauves-souris qui ne peuvent plus bouger, ayant les ailes déchirées et les os rompus; ce sont les victimes du vespertilion murin. Cet animal attaque toute chauve souris qui se hasarde à chasser la nuit dans ses parages. Il n'y a qu'une seule espèce qui lui tient hardiment tête, c'est le grand-fer-à-cheval. Non-seulement le vespertilion murin n'est pas toujours le maître, mais encore il arrive que l'attaqué met hors de combat l'attaquant.

Le vespertilion murin est assez rare. Aubigné-Briant, Martigné-Briant, Saumur, etc.

VESPERTILION. — Submurinus (Brehm.).

Caractères. — Cette espèce a été confondue avec le vespertilion murin, et cependant elle en diffère par son envergure de trente-cinq centimètres, par ses oreilles plus courtes que la tête, par le dessus du corps brun foncé, par son museau noirâtre.

Ce vespertilion habite les troncs d'arbres, vit isolé. Ses mœurs sont plus douces que celles du *vespertilio submurinus*. Rare. Je l'ai trouvé plusieurs fois sur les bords de la Loire.

II.

Oreillon arrondi à son extrémité.

VESPERTILION NOCTULE. — VESPERTILIO NOCTULA (LINN.).

CARACTÈRES. — Pelage d'un roux foncé, poil doux, narines écartées, oreilles ovales, moins longues que la tête, oreillon presque droit, déprimé au milieu, terminé par une tête aplatie et ronde, museau court, chanfrein large, membrane des ailes et de la queue d'un brun noir. Le long des bras, en dessus comme en dessous, une large ligne de poils de la même couleur que ceux du corps de l'animal ; la membrane qui borde les flancs est recouverte de poils épais. Longueur huit centimètres, envergure des ailes trente-trois centimètres, des bras huit centimètres, doigt du milieu neuf centimètres cinq millimètres, quatrième doigt six centimètres trois millimètres, cinquième doigt six centimètres, queue trois centimètres, pieds quatre centimètres. Les mâles diffèrent des femelles en ce qu'ils sont plus sveltes.

La noctule sort de sa retraite dès cinq heures du soir en été ; elle vole très-haut et se rapproche de terre et des eaux seulement au moment du crépuscule; elle vit en troupes qui s'agglomèrent, l'hiver, dans les souterrains, pour conserver plus de chaleur. Assez commune dans l'arrondissement de Segré.

VESPERTILION SEROTINE. — VESPERTILIO SEROTINUS (LINN.).

CARACTÈRES. — Oreilles courtes et pointues, face nue, lèvre supérieure renflée, garnie de verrues ; museau court, yeux petits, oreillons en demi-cœur, son bord extérieur découpé comme le fleuron d'une fleur de lys, et son bord intérieur découpé carrément ; pelage d'un brun fauve, plus foncé chez le mâle que la femelle. Vit isolé. Envergure trente-six centimètres.

Cette chauve-souris n'a point encore été rencontrée dans le haut Anjou. Je crois qu'elle doit se trouver dans tout notre département. On l'a souvent prise pour la noctule, dont cependant elle diffère ; elle se retire dans les troncs d'arbres. Je ne l'ai jamais vue dans aucun souterrain.

VESPERTILION NOIRATRE. — VESPERTILIO NIGRANS (CRESPON).

Ce joli chéiroptère a été observé pour la première fois par M. Crespon de Nîmes.

CARACTÈRES. — Pelage de dessous d'un gris cendré, tandis que le dessus est d'un fauve foncé, la moitié inférieure des poils est noir (il en est de même pour ceux qui recouvrent le dessous du corps); une belle teinte marron vif et bistré colore le front et les côtés du cou ; face noire, c'est-à-dire que le bout du museau, les joues et les oreilles sont noirs. La région qui sépare les oreilles du coin de la bouche est presque nue et noirâtre; oreilles ovales, triangulaires, aussi longues que la tête, ayant un rebord à leur base extérieure, au-dessus duquel est une échancrure. Membranes des ailes et l'inter-fémorale noires. Le sommet de la queue se prolonge en un filet long d'une ligne. Longueur totale de la tête et du corps quatre centimètres; envergure des ailes dix-huit centimètres; du bras trois centimètres quatre millimètres; doigt du milieu cinq centimètres trois millimètres, du quatrième doigt cinq centimètres, du cinquième doigt quatre centimètres; queue trois centimètres; pieds deux centimètres. La femelle est un peu plus grande que le mâle et a la couleur de dessous d'un gris blanchâtre.

Cette chauve-souris n'était point encore signalée en Maine-et-Loire; cependant elle est très-facile à reconnaître par ses trois couronnes. Elle est très-commune et vit en société avec l'espèce suivante.

Château d'Angers, Mûrs, Soucelles, Brissac, etc.

VESPERTILION PIPISTRELLE. — VESPERTILIO PIPISTRELLUS (LINN.).

CARACTÈRES. — Pelage d'un brun foncé en dessus, d'un brun fauve en dessous, poils longs, oreilles et bout du museau noirs; nez large avec un sillon au milieu; oreilles ovales, légèrement échancrées sur leur bord externe, oreillons droits, arrondis à leur extrémité; membranes noires, celles des mâles ayant une bordure blanche au bas de la première échancrure qui suit les pieds; queue terminée par une pointe aiguë, longueur totale quatre centimètres; envergure vingt-trois centimètres, du doigt du milieu cinq centimètres, quatrième doigt quatre centimètres sept millimètres, cinquième doigt quatre centimètres; de la queue, sept centimètres quatre millimètres.

Cette chauve-souris sort un peu avant le crépuscule; on la voit encore dans les airs pendant celui du matin ; quand les temps sont doux, le jour, elle quitte sa retraite quelques moments et se plaît à raser les eaux. Nous n'indiquerons aucune localité pour la pipistrelle; elle est tellement commune, qu'on peut la remarquer sur tous les points de notre département.

VESPERTILION ÉCHANCRÉ. — VESPERTILIO EMARGINATUS (GÉOFF.).

CARACTÈRES. — Pelage d'un gris roussâtre en dessus, cendré en dessous, front relevé en dessus du chanfrein ; oreilles oblongues, de la même longueur que la tête, fortement échancrées sur leur bord extérieur, à la moitié de leur longueur, velues sur leur bord interne, en face de l'échancrure ; oreillon droit, lancéolé, faisant la moitié de la longueur de l'oreille ; membrane des ailes noirâtre. Longueur six centimètres ; envergure trente centimètres ; du doigt du milieu dix centimètres, quatrième doigt sept centimètres, cinquième doigt sept centimètres sept millimètres ; de la queue quatre centimètres trois millimètres ; pieds quatre centimètres.

Cette espèce est la plus rare de toutes celles qui habitent l'Anjou. C'est dans les vieux châteaux du Baugeois qu'on l'a seulement trouvée jusqu'à ce moment. Vit isolée.

VESPERTILION A MOUSTACHES. — VESPERTILIO MYSTACINUS (LEISLER).

CARACTÈRES. — Tête petite, nez renflé avec une fissure au milieu; oreilles grandes, oblongues, arrondies au sommet ; face velue, ornée de poils doux, ailes longues, qui forment moustaches; pelage laineux, marron en dessus, blanchâtre en dessous. La femelle a des teintes moins foncées ; elle habite avec la pipistrelle.

Cette chauve-souris n'a point encore été trouvée en Anjou ; mais nous ne désespérons point de la rencontrer dans notre province. Les chauves-souris n'ayant jamais été bien étudiées, il y a, j'en suis persuadé, beaucoup d'espèces encore à découvrir.

Le vespertilion à moustaches a été d'abord observé en Allemagne, puis on a constaté sa présence à Paris ; M. Baillon l'a vu à Abbeville ; M. Crespon l'indique dans sa *Faune méridionale*. Nous donnons ses caractères, qui pourront peut-être servir à ceux qui voudront essayer de le chercher dans notre département.

III.

Oreilles unies sur le haut de la tête.

VESPERTILION OREILLARD. — VESPERTILIO AURITUS (LINN.). — Vulgairement l'OREILLARD.

CARACTÈRES. — Pelage d'un gris fauve en dessus, d'un cendré blanchâtre en dessous; oreilles très-grandes, unies l'une à l'autre sur le crâne; oreillon grand et lancéolé. Longueur cinq centimètres, envergure vingt-six centimètres; longueur du bras quatre centimètres, du doigt du milieu sept centimètres, du quatrième doigt six centimètres, même dimension pour le cinquième doigt; queue quatre centimètres; longueur des pieds trois centimètres.

De tous les Chéiroptères, le plus malheureux est l'oreillard; car il a pour ennemis non seulement tous ceux de ses congénères, mais encore les autres chauves-souris. Si, par hasard, cet animal, qui est très-poltron, se montre près des lieux où chassent les chauves-souris, de suite elles se mettent, en jetant des cris, à sa poursuite et lui font prendre la fuite. Aussi sort-il plus tard et rentre-t-il de meilleure heure. Il se tient à l'écart; son vol est lent et lourd; il se retire dans les vieux édifices, vit isolé, évitant tout lieu où il pourrait rencontrer une chauve-souris, qui ne manquerait pas de l'attaquer et de le mettre à mort.

CHAUVE-SOURIS BARBASTELLE. — VESPERTILIO BARBASTELLUS (GMEL.) — Vulgairement la BARBASTELLE.

CARACTÈRES. — Oreilles grandes, triangulaires, arrondies, réunies en partie l'une à l'autre au-dessus du front; pelage noir; envergure vingt-sept centimètres; trente-deux dents; museau tronqué; joues renflées; chanfrein enfoncé et dégarni de poils.

Cette chauve-souris a cela de particulier qu'elle répand une odeur fort désagréable. Elle est très-rare.

Habite avec la pipistrelle.

Deuxième Famille. — INSECTIVORES.

Caractères. — Pieds courts, armés d'ongles, ceux de derrière ont cinq doigts; en marchant ils appuient entièrement la pointe du pied sur la terre. Molaires hérissées de pointes. Ces animaux ont les mouvements très-lents et ne sortent guère que le jour; ils se nourrissent généralement d'insectes et passent l'hiver dans un état complet d'engourdissement.

Genre HÉRISSON. — Erinaceus (Linn.).

Caractères. — Museau pointu, corps garni de piquants, yeux petits, queue courte. Ces animaux peuvent se rouler en boule en rentrant leur tête comme dans un étui.

LE HÉRISSON ORDINAIRE. — Erinaceus Europeus (Linn.).

Caractères. — Nez noirâtre, tête, cou et dessous de la gorge, ainsi que les jambes, d'un fauve clair, piquants variés de noir-brun et de blanc sale.

J'ai trouvé une seule fois, sur la commune de Mozé (Maine-et-Loire), un hérisson dont l'aspect était entièrement roux. Mon collègue et ami Raoul de Baracé a fait la même rencontre, sur la commune du Lion-d'Angers.

On a écrit de singulières choses sur le hérisson. Ainsi, l'on a prétendu et affirmé que les piquants qui couvrent la peau de cet insectivore, le forcent à s'accoupler face à face. Je puis, au contraire, affirmer que les hérissons opèrent leur accouplement comme les autres mammifères.

La description anatomique du hérisson a été faite de la façon la plus complète, et il semble difficile d'ajouter sur cette matière. Mais la vie, les mœurs, les habitudes ont été peu étudiées. Ainsi, dans le *Dictionnaire universel d'histoire naturelle,* je remarque ce passage à l'article Hérisson : « On ignore la durée de la gestation. »

Je puis dire, de la façon la plus certaine, qu'elle est de deux mois. Voici comment j'ai pu établir ce fait.

Le 30 mars 1866, j'ai trouvé à Claye, commune de Mûrs, près les Ponts-de-Cé, à six heures du soir, un hérisson mâle et une femelle accouplés. Je remarquai avec soin le lieu de leur retraite ; ils avaient choisi un hangar rempli de bois. Lorsque le mois de mai arriva, tous les jours je visitai la demeure de ces animaux ; le 2 mai, je m'aperçus que la femelle s'occupait à faire son nid avec de la mousse et des feuilles sèches ; le 29 mai au matin, je constatai l'arrivée, pendant la nuit, d'une portée de six petits, dont la peau était blanche, parsemée de petits points noirs, indiquant la place des piquants. Ces petits étaient aveugles et avaient les oreilles fermées.

Le hérisson ne sort que pendant la nuit. Cet animal vit isolé, et quoiqu'il soit assez commun dans notre département, on est quelquefois assez longtemps sans en apercevoir ; aussi ne peut-on se livrer à son égard à un examen suivi. C'est une grave erreur que de croire que le hérisson n'est pas intelligent. D'une nature timide, il marche lentement, le moindre bruissement d'une feuille le fait s'arrêter ; il écoute, et s'il prévoit quelque danger, de suite il se met en boule et présente à son adversaire une masse de piquants qu'il n'est pas facile de saisir impunément. C'est là son unique moyen de défense, aussi en use-t-il largement. Il vit d'insectes et de mollusques, qu'il dévore avec avidité. Les limaçons, surtout celui des jardins, *Helix hortensis* (Muller), et celui appelé vigneronne, *Helix pomatia* (Linné), sont pour lui mets de prince. Lorsqu'il en rencontre plusieurs, il prend son temps entre chaque, et met un certain intervalle à les dévorer. Il est tellement timide, qu'à chaque instant il prête l'oreille pour s'assurer si l'on ne viendra pas le troubler dans son repas. Tant qu'il trouve de quoi vivre, il s'éloigne peu de la retraite qu'il s'est choisie.

Le hérisson est très-susceptible d'éducation. J'ai connu un paysan qui en avait dressé un d'une façon étonnante ; il arrivait à son commandement lorsqu'il l'appelait, et venait manger dans sa main, puis, pendant la journée, il restait blotti dans le coin d'une chambre sur un monceau de copeaux.

J'ai conservé moi-même, pendant quelque temps, un hérisson en captivité ; j'ai remarqué qu'à l'époque des grandes chaleurs il fallait souvent faire baigner cet animal.

Le hérisson était autrefois très recherché sur la table des grands. Ainsi, parmi les plats qui formèrent le menu dressé, en 1455, par le célèbre cuisinier angevin Taillevant, pour Charles d'Anjou, prince du sang, beau-frère du roi Charles VII, nous voyons figurer un *hérisson à la sauce*. Il était permis de manger le hérisson pendant le Carême, on le considérait comme un aliment maigre, parce que cet animal ne se nourrit que d'insectes et de mollusques.

Aujourd'hui, les habitants de la campagne aiment encore beaucoup la chair du hérisson; ils sont les plus cruels ennemis de cet inoffensif mammifère. Lorsqu'ils en rencontrent un, à l'aide d'un bâton appliqué, ils pèsent sur son dos: la douleur, qu'éprouve la pauvre bête, lui fait quitter sa forme sphérique ; elle s'allonge sous le poids de la souffrance, et c'est alors qu'ils la tuent, afin de pouvoir plus facilement la mettre dans leur gibecière.

Il existe dans le Baugeois une singulière croyance : on prétend que si une vache vient à passer dans un chemin où se trouve un hérisson mort, elle sera *instantanément* privée de son lait!

Aujourd'hui, dans l'intérêt de l'agriculture, on accorde une large part à bien des animaux qu'on proscrivait autrefois. Ainsi l'on considérait, il n'y a pas encore longtemps, les oiseaux de proie nocturnes comme très-nuisibles au gibier, et l'on payait une prime pour leur capture. Dans une seule forêt des environs de Paris et en une seule nuit, on a détruit 1466 hiboux [1], chats-huants et autres nocturnes.

Nous avons fait un pas en avant, et le grand-veneur, en cessant de faire payer la prime aux gardes pour la prise des nocturnes, a donné un excellent exemple, que tous les grands propriétaires devraient bien se hâter de suivre. Confondre tous les oiseaux de proie diurnes, nocturnes et autres, c'est faire preuve d'ignorance et de cruauté; il n'est pas juste de condamner à mort des êtres qui ont droit à notre bienveillance, l'expérience ayant démontré les services qu'ils rendent aux cultivateurs.

Cette protection devrait à bon droit s'étendre sur le hérisson, qui dans nos champs et nos jardins ne fait absolument que du bien, qui

[1] *La vie de campagne.*

jamais ne fouit la terre, qui ne laisse nulle part des traces de son passage, ne dévaste aucune plante, saisissant les insectes et les mollusques à la surface du sol. Aussi, les propriétaires intelligents ont-ils soin de se procurer des hérissons qu'ils mettent dans leurs jardins, et, lorsqu'ils peuvent les y habituer, ils ne tardent pas à s'apercevoir de leur utilité.

Le hérisson est de beaucoup préférable au crapaud, qui est devenu, depuis quelques années, l'auxiliaire indispensable des maraîchers de Paris [1]. Les crapauds font une guerre acharnée aux limaçons qui, en une seule nuit, peuvent ôter toute valeur commerciale aux laitues, aux carottes, aux asperges et même aux fruits de primeur. Outre que le hérisson dévore les limaçons comme le crapaud, il a sur lui l'immense avantage d'être complétement utile, tandis qu'il est reconnu que le crapaud est l'ennemi déclaré des melonnières [2].

[1] Il se fait à Paris un commerce considérable de crapauds.

[2] A l'appui de cette assertion, nous allons publier une lettre insérée dans le journal le *Salut public*, de Lyon, à la date du 5 mars 1868.

Nous recevons, dit le rédacteur de ce journal, de M. Cherblanc, maire de Lentilly, la lettre suivante, qui traite, avec l'autorité d'un esprit pratique, une question intéressante, et en donne une bonne solution :

« Monsieur le rédacteur,

« J'ai lu dans une de vos chroniques un article concernant la destruction de la vipère. Sans doute, c'est un reptile dangereux et qu'il importe de combattre par tous les moyens. Je vais donc essayer de porter à la connaissance du public la cause de sa grande multiplication depuis quelques années.

« Cette multiplication est due à la chasse inexorable qu'on fait très-fréquemment aux hérissons. Depuis quelque temps, des bandes de bohémiens infestent nos campagnes et campent sur les grandes routes, où on les rencontre par vingtaines. Les hommes, pendant la journée, se livrent à la confection de paniers, qui sont bien faits et très-bons, parce qu'ils sont faits avec du bois de lune; les femmes courent les champs et vont dire la bonne aventure aux campagnards qui veulent bien les écouter; les enfants mendient, et quelques-uns jouent de l'accordéon.

« Mais, le soir venu, le père de famille détache le chien dressé à cette chasse et suit le bord des bois et des ruisseaux, et chaque nuit, ramasse quatre ou cinq hérissons qui servent à la nourriture de la colonie.

« Je me suis trouvé plusieurs fois à portée de voir exterminer plusieurs de

Le hérisson franchit les clôtures les plus élevées. Un de nos collègues, M. le commandant Dupont, avait mis dans son jardin clos de murs un hérisson femelle ; l'année suivante il fut fort étonné de voir au printemps cette femelle suivie d'une progéniture ; il était évident qu'un hérisson s'était introduit dans le jardin, et il n'avait pu le faire qu'en escaladant les murs. La mère et les petits, ennuyés d'être dans le jardin, prirent à leur tour la fuite, en employant le même moyen d'escalade, que celui qui avait servi au mâle pour venir trouver la femelle.

ces petits animaux inoffensifs, et je me suis fait expliquer leur manière de les chasser et de les accommoder.

« Or, il n'est pas de plus grand destructeur de vipères, de rats, de reptiles de toute sorte que le hérisson. Aussi la nature, qui fait si bien tout ce qu'elle fait, l'a-t-elle armé et habillé de pied-en-cap pour le rendre propre à attaquer ces reptiles tant redoutés. Le hérisson, par son odorat, est semblable au porc, qui va trouver à trente centimètres sous terre les truffes. Le hérisson sent les reptiles enfouis, et, avec l'aide de son museau et de ses petites pattes, il va les découvrir à trente, même à quarante centimètres, s'en empare et en fait sa proie.

« Si l'on doute de ce que j'avance, qu'on se procure un hérisson et une vipère, qu'on les enferme ensemble ; bientôt on verra le combat commencer, et la vipère ne tardera pas à succomber. Le hérisson rabat son casque épineux, se jette sur le reptile, avec ses dents acérées lui casse la colonne vertébrale et lui coupe la tête.

« Outre les bohémiens que je vous ai signalés plus haut, il existe dans certaines communes des individus qui, d'après la rumeur publique, s'occupent de cette chasse aux hérissons et en apportent à Lyon des quantités considérables.

« Que l'on avise à empêcher cette chasse, qu'on favorise au contraire la reproduction des hérissons, et l'on n'aura plus besoin, dans quelques années, de s'occuper de la destruction de la vipère.

« Un bohémien m'a certifié en avoir pris vingt-deux de Lozanne à l'Arbresle, sur un parcours de six kilomètres, en une seule nuit. Que l'on calcule le nombre de reptiles que ces vingt-deux hérissons auraient pu détruire !...

« Il importe donc de prendre toutes les mesures possibles pour empêcher la destruction de ce petit quadrupèdes inoffensif à l'agriculture, sinon pendant la maturité du raisin, où il mange quelques grappes et quelques pommes tombées.

« Agréez, etc. »

Genre MUSARAIGNE. — Sorex (Linn.).

Caractères. — Museau long, effilé, mobile, oreilles courtes, cachées par les coins, queue comprimée, dents tantôt rougeâtres ou brunes à leur extrémité, tantôt entièrement blanches.

Ces petits quadrupèdes appartenant à ce genre ont des habitudes nocturnes, vivent d'insectes, ont des yeux tellement petits, qu'on les croirait aveugles, et cependant ils savent parfaitement fuir à l'approche du moindre danger. D'une nature méchante, ils se battent et se déchirent entre eux[1]. Ils vivent solitaires dans des trous, dans les murailles, sortent le jour, mais préfèrent la nuit. Ils répandent une odeur de musc qui, à l'époque du rut, est tellement prononcée, que les chats, lorsqu'ils les tuent, ne peuvent les manger. C'est ce qui explique le nombre de musaraignes mortes, que l'on rencontre fréquemment dans les champs.

LA MUSARAIGNE COMMUNE. — Sorex Araneus (Schreber.). Vulgairement Miserite, Misereigne, Musette.

Caractères. — Longueur du corps et de la tête $0^m,062$, de la queue $0^m,075$, pelage gris en dessus, cendré en dessous, oreilles nues, grandes, arrondies, dents d'un blanc brillant, moustaches allongées, queue longue, grêle, effilée à son extrémité et couverte de poils très courts. Elle vit solitaire.

Cette musaraigne, qu'on trouve partout, est essentiellement farouche, habite les troncs d'arbres, les creux de rochers, les trous de murailles, sous des amas de feuilles, dans les fumiers, etc., fait son nid à terre avec des feuilles sèches.

Les habitants de la campagne croient que la morsure de cet animal est venimeuse et dangereuse pour leurs bestiaux; et chaque

[1] M. Courtiller jeune, directeur du musée de Saumur, m'a raconté qu'ayant un jour tendu des piéges pour prendre des campagnols, il remarqua que ceux qui s'étaient laissés capturer étaient tous dévorés sur les piéges par des musaraignes; ce fait prouve que cet animal n'est pas, comme généralement on le croit, *essentiellement insectivore*.

fois qu'ils trouvent des musaraignes, ils les tuent impitoyablement. Voici ce qui a donné lieu à ce préjugé. Lorsqu'il fait froid, les musaraignes se retirent souvent dans les étables, se cachent sous les fourrages, sous les crèches, sous les litières; cet animal, qui s'en va trottant le nez en l'air, poussant un petit cri, dans lequel on a cru distinguer le mot *miserite*, ce qui lui a fait donner ce nom vulgaire, a la singulière habitude de mordre tout ce qui se trouve sur son passage; ainsi, dans les étables, il mordille les jambes des bœufs, des vaches. Mais ces très-légères morsures ne font aucun mal aux bestiaux, qui souvent même ne s'en aperçoivent pas, et qui par un faible mouvement se débarrassent aisément de ces petits agresseurs.

MUSARAIGNE CARRELET. — SOREX TETRAGONORUS (HERM.).

CARACTÈRES. — Tête carrée présentant quatre faces; légers sillons à la partie inférieure, ce qui l'a fait comparer à l'anguille désignée sur nos marchés sous le nom de Carrelet.

Il arrive quelquefois que des individus appartenant à cette espèce perdent les poils qui couvrent leur tête. Cette remarque, qui a été faite pour la première fois, en Anjou, par le savant M. Auguste Courtiller jeune, avait donné à penser à M. Pierre Millet que, dans cette mue accidentelle, on pourrait trouver les caractères d'une espèce, qu'il signala, en 1825, sous le nom de *personatus*, à la Société Linnéenne de Paris. Cette espèce ne fut pas admise; aussi, l'auteur en changea-t-il le nom, en 1828, pour lui donner celui de *coronatus*.

Ce n'est qu'une simple variété de la musaraigne carrelet.

Habite les jardins, les champs; mêmes mœurs que l'espèce précédente.

MUSARAIGNE PLARON. — SOREX CONSTRICTUS (HERM.).

CARACTÈRES. — Manteau plus épais que la précédente, oreilles petites, pelage long, noir en dessus, gris brun au ventre, cendré à la gorge; queue aplatie.

Cette espèce fait son nid dans les prés. Quand elle fuit, elle court tout droit devant elle, ce qui fait qu'elle est souvent victime des animaux qui la poursuivent; elle va à l'eau et plonge très-bien.

Bords de la Loire, du Thouet, de la Moine, etc.

MUSARAIGNE D'EAU. — Sorex Fodiens (Pallas).

Caractères. — Pelage velouté en dessous, museau gros, bord de la lèvre supérieure un peu blanchâtre; tache blanche en arrière des yeux, queue de la longueur du corps, noirâtre et frangée en dessus par des poils raides blanchâtres, qui aident l'animal dans la natation; pieds cendrés bordés de cils, moustaches noires; longueur totale 17 centimètres.

Il existe, en Maine-et-Loire, une variété de cette musaraigne; elle n'a pas de tache blanche en arrière de l'œil et aux oreilles; ses ongles sont rougeâtres; elle n'a point de cils blancs sous la queue. Elle est assez rare; je l'ai trouvée plusieurs fois sur les bords du Layon.

Cette espèce habite dans des trous, au bord des ruisseaux, ne vit que d'insectes aquatiques et de petits crustacés, qu'elle saisit soit à la surface de l'eau, soit en plongeant. La femelle fait son nid à terre; il est composé de feuilles sèches, principalement de feuilles de chêne et de saule blanc. Lorsqu'elle le quitte, pour aller chercher sa nourriture, elle a soin de couvrir sa progéniture de feuillage, afin de la dérober à tous les regards, de sorte qu'il faut un œil très-exercé pour pouvoir découvrir son nid. Du reste, lorsqu'elle est avec ses petits, elle les cache avec un soin extrême, et l'on n'aperçoit que son léger museau pointu, qui est dans un état d'immobilité complète.

Cette musaraigne est très-commune sur tous les bords de nos petits cours d'eau.

Genre TAUPE. — Talpa (Linn.).

Les animaux placés dans ce genre habitent sous la terre, qu'ils fouissent avec une habileté incroyable. Leur corps est trapu, leur museau allongé et mobile; l'ampleur de leurs membres antérieurs, que terminent des ongles forts et robustes, leur donne une grande facilité pour labourer le sol et se creuser des galeries ramifiées à l'infini. C'est dans ces labyrinthes que les taupes fixent leur demeure, dont elles ne sortent guère, si ce n'est la nuit, ou bien lorsqu'elles veulent changer de contrée.

Un œil exercé reconnaîtra facilement, quand il verra une galerie de taupe, si elle est l'œuvre d'un mâle, d'une femelle ou d'un jeune individu. Les mâles, plus gros que les femelles, tracent des souterrains moins tortueux ; quant aux adultes, les boyaux qu'ils creusent sont peu profonds et la terre qu'ils soulèvent forme des élévations ou taupinières peu volumineuses.

On leur compte vingt-deux dents à chaque mâchoire.

Leurs yeux sont extrêmement petits, ce qui a fait croire à beaucoup de personnes que ces animaux sont aveugles.

A l'époque des unions, les mâles sont très-méchants et se battent entre eux. Ces combats leur sont souvent funestes, car la moindre goutte de sang que la taupe répand par la tête suffit pour lui occasionner immédiatement la mort.

Les taupes vivent parfaitement en captivité ; le grand plaisir des jeunes écoliers est d'en avoir dans de grandes boîtes remplies de terre et de leur donner des insectes à manger.

LA TAUPE D'EUROPE. – TALPA EUROPEA (LINN.).

CARACTÈRES. — Pelage noir, doux et velouté, queue courte.

Il existe, en Anjou, plusieurs variétés de la taupe d'Europe :

1° La cendrée, qui est assez commune dans les environs de Baugé ;

2° L'isabelle, assez rare, vallée de la Loire ;

3° La blanche.

Le muséum d'histoire naturelle de la ville d'Angers possède de très-beaux individus de ces deux dernières variétés, montés avec art par le directeur de cet établissement scientifique, M. Deloche.

Ces deux variétés sont dues à des causes accidentelles.

La taupe d'Europe fait deux portées par an, l'une au mois de mars et l'autre en juin ; les petits naissent nus et rouges. La taupe construit son nid avec des feuilles sèches ; il est placé au centre de nombreuses galeries, dans une chambre, dont la voûte est soutenue par des piliers qu'on dirait maçonnés, tant ils sont durs ; les corridors qui communiquent avec le lieu où repose sa progéniture sont bouchés par de la terre, afin d'interdire toute communication. Cette terre, obstacle pour les reptiles ennemis de la taupe, n'en est pas un pour elle, lorsqu'elle veut sortir de sa retraite. La taupe vit isolée ; plus elle est vieille, et plus son poil est noir.

La taupe est-elle un animal réellement nuisible dans toute l'acception du mot ?

Depuis plusieurs années, de savants naturalistes se sont posé cette question. Les uns ont condamné à tout jamais la taupe et ont vivement engagé les agriculteurs à lui faire la guerre.

D'autres l'ont prise sous leur protection et l'ont classée parmi les animaux les plus utiles.

Je crois que cet insectivore ne mérite

Ni cet excès d'honneur, ni cette indignité.

Dans les jardins, la taupe cause des dégâts considérables ; la terre qu'elle rejette à la surface du sol, en fouissant ses galeries, détruit complétement les semis qui se trouvent dans le terrain qu'elle laboure ; les plantes aux racines peu profondes étant soulevées, meurent desséchées par l'action de l'air ou brûlées par les rayons du soleil. Les insectes qu'elle détruit, il est vrai, en grande quantité, — car, comme l'a très-justement observé Geoffroi Saint-Hilaire, le besoin de manger naît, chez elle, d'un épuisement ressenti jusqu'à la frénésie, — ne compensent pas le mal qu'elle fait dans nos plates-bandes. Aussi, la taupe est-elle regardée par nos horticulteurs et nos maraîchers comme un être malfaisant, auquel il ne faut accorder ni trève ni merci. Quant aux agriculteurs, elle leur rend de véritables services ; ses ravages dans les vastes cultures sont insignifiants, et, du reste, son domicile est surtout dans les prés bas. La taupe aime la fraîcheur ; les prés à regain lui offrent le double avantage d'être toujours un peu humides et de renfermer beaucoup d'insectes et de larves. La terre qui sort de ses galeries vaut, pour le cultivateur intelligent, un engrais, si surtout il a soin de l'étendre avec un râteau; mais s'il néglige cette précaution, il voit à l'époque de la fenaison sa prairie couverte de petits monticules où croissent généralement de mauvaises herbes, et contre lesquels vient se heurter la faulx du faucheur.

Au XVIe siècle et jusqu'à l'époque de la Révolution, il était attaché à chaque seigneurie un homme exerçant la profession de taupier. Toute taupe prise par lui était accrochée au poteau de la seigneurie, et il recevait une prime de 4 sols.

Sous Louis XV, il s'établit en Anjou un singulier usage. Les femmes du grand monde crurent embellir leur visage en cachant leurs sourcils sous de petites bandelettes en peau de taupe. C'est à cette époque que les taupiers furent astreints à dépouiller leur capture, pour en remettre la peau entre les mains de la châtelaine.

Les piéges dont on se servait alors étaient fort grossiers; ils consistaient en un cylindre creux long de huit pouces; à chaque bout du cylindre était placée une petite palette en bois; celle qui se trouvait à la partie du cylindre qu'on introduisait la première dans la galerie était mobile. La taupe, lorsqu'elle la rencontrait sur son passage, la soulevait facilement, mais aussitôt elle se fermait sur elle. Comme l'autre palette était fixe, la taupe se trouvait ainsi dans une véritable prison.

Famille DES CARNIVORES.

Caractères. — A chaque mâchoire six incisives et deux canines, molaires tranchantes.

Cette famille se divise en trois tribus : les plantigrades, les digitigrades et les amphibies. Aucun mammifère de cette dernière tribu n'habite l'Anjou.

Première tribu. — LES PLANTIGRADES.

Ils marchent sur la plante entière, ce qui leur donne une grande facilité pour se redresser sur les pieds de derrière. Par leurs habitudes, ils se rapprochent des insectivores. Beaucoup d'entre eux sont nocturnes.

Genre BLAIREAU. — Meles (Storr.).

Caractères. — Jambes courtes ; ce qui fait que les animaux de ce genre semblent plutôt ramper que marcher. Cinq doigts aux pieds, ongles robustes, avec lesquels ils creusent des terriers profonds. Queue velue et courte. Sous la queue se trouve une poche de laquelle sort une liqueur grasse qui répand une très-mauvaise odeur.

BLAIREAU COMMUN. — Meles Vulgaris. (Desm.).

Caractères. — Pelage d'un gris brun en dessus, noir en dessous, bande noire allongée de chaque côté de la tête, passant sur les yeux et les oreilles.

Le blaireau vit solitaire dans des terriers qu'il se creuse, ne sort que la nuit pour chercher sa nourriture. Son système dentaire le fait ranger dans la famille des carnivores; mais, s'il mange des mulots, des oiseaux, du gibier, il est très-friand de fruits, et quand il pénètre dans un verger, dans une vigne, il laisse peu à récolter après lui. Cet animal est très-paresseux ; la faim seule le fait quitter son repaire. Au mois de juillet, la femelle fait une portée qui varie entre quatre et cinq petits.

Le terrier du blaireau est extrêmement propre ; il creuse à côté un trou dans lequel il dépose ses ordures, mais ne les recouvre pas, ce qui fait que les terriers de ces animaux ont une odeur nauséabonde. Un fait singulier à constater, c'est que les blaireaux, si soigneux de leur personne et de leur demeure, ont presque tous généralement la gale.

Le blaireau fait un nid pour déposer ses petits. Ce nid, qui n'est qu'une espèce de fagot formé d'herbes, est préparé en dehors du terrier, sur les lieux où le blaireau a choisi les plantes qui lui conviennent ; lorsqu'il est terminé, il le traîne entre ses jambes jusqu'à son logis et l'étend ensuite avec le plus grand soin dans l'intérieur.

J'ai vu bien des fois des nids de blaireaux ; ils sont tous, dans notre province, composés des mêmes plantes. Voici celles que j'y ai constamment remarquées : le millet (*milium effusum*, *L.*), la mélique (*melica uniflora*, Retz), la canche gazonnante (*aira cespitosa* L.), la houlque molle (*holcus mollis*, *L.*), le paturin des forêts (*poa nemoralis*, *L.*), la cynosure en crête (*cynosurus cristatus*, *L.*), la molinie bleuâtre (*molinia cærulea*, Mœnch), le brôme rude (*bromus asper*, Murray).

Le blaireau s'apprivoise très-facilement ; on l'élève à l'état de domesticité, absolument comme un jeune chien.

Il est rare que les chiens s'emparent d'un blaireau ; son poil épais, ses mâchoires robustes et ses ongles offrent une vigoureuse résistance à ses agresseurs. Le blaireau se couche sur le dos lorsqu'il est attaqué et fait aux bassets qui le chassent de profondes blessures. C'est le plus communément dans son terrier qu'on s'en rend maître, mais non sans difficultés ; il faut presque toujours le bécher.

En 1620, le roi Louis XIII passa plusieurs jours au château du Pimpéan, situé sur la paroisse de Grezillé, appartenant au prince de Beauvau[1]. On procura au roi le plaisir de traquer des blaireaux, genre de chasse qu'il affectionnait.

Le poil est employé pour la fabrication des brosses, surtout des brosses à barbe.

Autrefois la faculté de médecine d'Angers ordonnait pour la guérison des douleurs, une pommade composée de graisse de blaireau.

En 1780, on faisait des pâtés avec la chair du blaireau. Voici ce qui avait donné naissance à ce mets. Un gentilhomme provençal, l'abbé Honoré Quiqueran de Beaujeu, ayant reçu d'un de ses do-

[1] La branche de la famille de Beauvau, qui possédait ce château, portait le nom de Beauvau-Pimpéan. Cette magnifique terre vient d'être vendue (1868) à des spéculateurs. On voyait encore, à cette date, dans une salle du château, le lit dans lequel le roi Louis XIII coucha pendant son séjour au Pimpéan. La chapelle qui est du XVIe siècle, a sa voûte ornée d'une très-belle fresque représentant Dieu le Père, assis sur un trône, tenant dans ses mains le Christ. Au-dessus de Dieu, est le Saint-Esprit sous la forme d'une colombe.

mestiques un blaireau fort gras, ordonna à son maître-queux de le préparer en pâté. Les convives auxquels il fit manger ce nouveau plat le trouvèrent tellement exquis, qu'il fut mis en honneur dans toute la Provence. L'abbé Quiqueran de Beaujeu vint quelque temps après professer la théologie à Saumur, et là, il introduisit le pâté de blaireau dans la cuisine angevine. Aujourd'hui, on a complétement perdu le souvenir de cette conquête culinaire du XVIIIe siècle.

Deuxième tribu. — LES DIGITIGRADES.

CARACTÈRES. — Ces animaux au lieu d'appuyer la plante entière de leurs pieds sur le sol ne le touchent que de l'extrémité de leurs doigts; ils peuvent tenir leurs ongles redressés dûrant la marche, et ne les recourbent que lorsqu'ils veulent déchirer leur proie.

GENRE MARTE. — MUSTELA (LINN.).

De tous les carnassiers qui habitent l'Anjou, les martes sont les plus cruels. D'une souplesse extrême, elles savent, pour approcher de leur proie, se glisser par les plus petits trous. Lorsqu'elles peuvent pénétrer dans un poulailler, dans une basse-cour, au lieu d'assouvir leur faim sur les premiers animaux qu'elles rencontrent, comme le font les autres carnassiers, elles tiennent à ce qu'il n'existe autour d'elles aucun être vivant; oies, canards, dindons, poules, lapins, etc., tout est mis à mort; ce n'est qu'au milieu du sang que les martes sont vraiment heureuses.

Leur caractère sauvage n'est point un obstacle pour les apprivoiser. On rencontre assez souvent de petits mendiants qui parcourent nos villes avec des martes parfaitement dressées et auxquelles ils font faire des exercices d'agilité étonnants.

Pendant les soirées d'hiver, les paysans chassent les martes. La peau de ces animaux est très-recherchée comme fourrure. Cette chasse se fait avec des chiens dressés à cet effet. Lorsqu'une marte est poursuivie de trop près, vite elle grimpe sur un arbre; les chasseurs alors la font tomber avec des perches, et lorsqu'elle est à terre, les chiens qui font le guet au pied de l'arbre s'en emparent.

Il arrive que la marte, lorsqu'elle trouve un arbre creux, se blottit au fond et n'en bouge plus ; pour la faire sortir, on emploie deux moyens. D'abord on enfume l'arbre, et si ce procédé ne réussit pas, on fait un trou à la base. Un chasseur monté dans l'arbre force avec un bâton la marte à sortir par l'ouverture qu'on vient de pratiquer, et alors la bête est prise par le chien.

Lorsqu'on veut, ce qui est très-rare, l'avoir vivante, on place devant le trou de l'arbre un filet dans lequel elle se jette.

Cette chasse à la marte commence après la Toussaint ; elle est excellente dans les temps de neige, parce qu'il est très-facile, dans ce moment, de suivre les traces de la marte.

Quand l'on parle d'une personne qui veut donner pour vraie une chose fausse, on dit proverbialement, dans nos campagnes :

Si l'on ne se tenait à son égard,
Il ferait prendre marte pour renard.

MARTE COMMUNE. — MUSTELA MARTES (LINN.).

CARACTÈRES. — **Pelage d'un brun lustré, tache d'un jaune clair sous la gorge ; ventre d'un brun roussâtre ; queue longue et bien fournie.**

Cette marte, qu'on indique dans les forêts de Chandelais, de Monnoye, de Paumenard, dans les bois du Louroux, de Serrant, dans les forêts de Brissac, de Longuenée, de Lépo, de Vezins, est extrêmement rare.

« La marte dorée, *mustela martes,* dit M. le docteur Farge dans « sa *Statistique sur les animaux à fourrures de l'Anjou,* dont la « fourrure, aux effets chatoyants et dorés, orne et enrichit les pa- « rures d'hiver de nos dames, ne se montre que rarement dans le « commerce ; à peine les plus froids hivers en amènent-ils cinq ou « six à l'entrepôt. »

La marte commune se tient dans nos forêts ; elle se cache le jour et ne sort que le soir, pour faire la chasse ; elle grimpe sur les arbres les plus élevés, et là, se tient à la bifurcation d'une forte branche. Il est bien rare que des chiens forcent cette marte, car elle a contre eux un refuge assuré, les arbres ; et comme elle grimpe jusque dans leur cîme, il est très-difficile de pouvoir l'atteindre; aussi, presque toutes celles qui sont tuées le sont à coups de fusil.

La marte fait ordinairement de deux à quatre petits par portée; ce n'est qu'accidentellement qu'elle en produit une seconde.

Cet animal ne construit jamais de nid; il s'empare de celui de l'écureuil. Le mâle chasse pour sa progéniture, tandis que la femelle est occupée à la garder et à la promener.

Les deux martes qu'on voit au Muséum d'histoire naturelle de la ville d'Angers, viennent l'une du Saumurois, l'autre de la Vendée.

MARTE FOUINE. — Mustela Foina (Linn.). — La Fouine.

Caractères. — Pelage brun, dessous de la gorge blanchâtre, sommet de la tête aplati; yeux brun-clair; queue longue transparente.

Cette espèce est commune en Anjou; on la rencontre à peu près partout. Beaucoup plus familière que la marte commune, qui ne quitte jamais nos forêts, elle s'approche des habitations, élit domicile dans les greniers, dans les granges, afin d'avoir plus facilement sous la main les pigeons du colombier, les poules de la ferme, et les lapins du clapier.

Elle établit son nid dans les greniers, dans les meules de foin, dans des trous, dans les murailles, etc. L'intérieur en est toujours tapissé de mousse.

M. Nicaise-Augustin Desvaux, directeur du Muséum d'Angers, ce savant naturaliste, qui le premier a fait sur la faune angevine des observations très-curieuses, dont il n'a pas su tirer parti (*sic vos non vobis*), a eu, pendant dix années, deux fouines qui vivaient en liberté dans sa maison. Elles sortaient, couraient dans le jardin, revenaient au logis, sans qu'on s'occupât d'elles, et vivaient familièrement avec les chats.

La fouine aime à se désaltérer souvent; si elle était un seul jour sans boire, elle succomberait infailliblement.

Elle exhale une odeur musquée fort désagréable. Chaque année, elle fait deux portées.

L'Anjou, d'après la Statistique de M. Farge, ne fournit pas moins de quatre cents peaux de fouines par hiver.

LE PUTOIS COMMUN. — Mustela Putorius (Linn.).

Caractères. — Pelage brun, d'un blanc fauve intérieurement, ou un peu blanc près du museau ; yeux bruns, queue médiocre.

Cet animal est commun dans nos contrées. Comme la fouine, il se rapproche le plus possible des fermes, où il espère faire capture. Il passe généralement les hivers dans les greniers ; lorsqu'il fait une descente dans une basse-cour, il met d'abord tout hors de combat, puis apaise sa faim et ensuite emporte, pièce par pièce, les volailles qu'il a tuées.

Dans l'hiver de 1867, un paysan des environs de Baugé a trouvé, dans son grenier, en allant chercher du fourrage pour ses vaches, sept poules, qu'un putois avait étranglées, pendant une nuit, dans le poulailler de la ferme, et qu'il avait ensuite cachées dans une meule de foin.

L'auteur de la Statistique sur les animaux à fourrures de l'Anjou évalue de trois cent cinquante à quatre cents le nombre de putois pris par hiver et dont les peaux sont mises dans le commerce.

L'été, le putois habite les bois, les champs, et se creuse des garennes où il se retire.

A l'époque des unions, les mâles se livrent entre eux de sanglants combats ; plus d'un mord la poussière, en disputant à son adversaire une femelle.

C'est presque toujours dans un grenier que la femelle fait son nid ; sa portée est ordinairement de trois à cinq petits. Dès qu'ils sont en état de marcher, elle les prend par la peau du cou, les descend un à un à terre, et les conduit dans les champs.

Quant au mâle, dès que la femelle est pleine, il l'abandonne pour se livrer à ses chasses dévastatrices. Le putois dort tout le jour et ne sort que la nuit.

Sous Louis XV, on se servait, dans nos campagnes, du putois pour prendre dans les garennes les lapins, comme aujourd'hui l'on se sert du furet, *putorius furo* (Less.) pour cette chasse ; les putois se dressaient facilement à cet exercice. Sans doute, leur mauvaise odeur et peut-être aussi le mal qu'on pouvait avoir à s'en procurer auront fait renoncer à ces animaux pour adopter les furets.

Dans nos vieux auteurs, nous trouvons cette singulière définition du putois :

« Chat sauvage qui a le poil brun, ainsi nommé à cause de sa « puanteur ; c'est plutôt une espèce de belette. Les Latins l'ont ap- « pelée *veso*, et dans la basse latinité *putatius*. »

LE MINK. — Mustela Lutreola (Pallas). — Vulgairement Vison.

Caractères. — Brun noirâtre; la lèvre supérieure, le menton et le dessous du cou sont blancs; pieds demi-palmés.

Cet animal n'avait jamais été signalé dans aucun ouvrage d'histoire naturelle relatif à l'Anjou avant 1856. C'est à cette époque que notre collègue, M. Charles Trouillard, président du tribunal de commerce de Saumur, nous apprit, et nous l'annonçâmes dans les *Annales de la Société Linnéenne*, qu'il avait tué sur les bords de l'Authion deux visons. Quelque temps après, M. Farge publiait sa Statistique sur les animaux à fourrures de Maine-et-Loire. Dans ce travail, nous lisons ce passage :

« Un bon hiver n'amène pas à l'entrepôt moins de cinquante vi- « sons du pays. L'Authion en fournit toujours la plus grande « partie; Trelazé seul en donna plusieurs l'année dernière (1856) ; « mais il en vient aussi une assez bonne quantité de Cholet. »

Un des visons qui se trouvent au Muséum d'histoire naturelle de la ville, a été tué sur un saule de la prairie de la Baumette, par M. le conservateur Deloche.

MARTE HERMINE. — MUSTELA ERMINEA (LINN.) — Vulgairement ROSELET, HERMINE.

CARACTÈRES. — Blanche en hiver; au printemps, à l'été et à l'automne, la robe est formée de taches blanches et rousses, le bout de la queue est toujours noir.

Mêmes mœurs que les espèces précédentes ; se nourrissant, comme elles, de lapins, de rats, de mulots, d'oiseaux ; elle est aussi très friande d'œufs. C'est, de toutes les espèces dont nous avons parlé, celle qui est la moins estimée pour le commerce, nos fourreurs ayant beaucoup plus de profit à orner la chausse des avocats et la robe du magistrat avec la peau du lapin de Russie.

Elle s'apprivoise facilement ; mais son pelage, au lieu d'être blanc en hiver, comme c'est l'habitude, lorsqu'elle habite les champs, reste, en captivité, d'un brun sale et terne.

Les anciens regardaient l'hermine comme un rat, et la nommaient *mus ponticus*, c'est-à-dire rat de Pont, en Asie. Elle figure dans les armes de la Bretagne avec cette devise : *Potius mori quam fœdari, sine macula.*

LA BELETTE. — MUSTELA VULGARIS (LINN.)

CARACTÈRES. — Pelage d'un roux vif en dessus et blanc en dessous ; son corps est long et fort mince. Il existe une variété couleur isabelle en dessus et blanchâtre en dessous.

La belette se retire dans les haies, dans les broussailles, sous les tas de pierres, dans les anfractuosités de rochers, dans les troncs d'arbres ; elle grimpe avec une extrême facilité ; sa course est très-rapide. Elle chasse les taupes, les mulots, les lapins et même les lièvres.

J'en ai vu une, un jour, qui était aux prises avec un surmulot ; elle le serrait avec son corps comme l'eût fait un serpent, et de cette manière elle finit par le laisser sans vie. Alors, maîtresse de lui, elle se mit à lui sucer le sang, et lorsqu'elle en fut repue, elle abandonna sa victime, dont la peau n'avait aucune déchirure, si ce n'est un petit trou qui lui avait suffi pour rassasier sa soif sanguinaire.

Le fait que je rapporte se passait en plein jour, ce qui prouve que cet animal chasse aussi bien à la clarté du soleil que pendant la nuit.

Dans les colléges, les élèves, lorsqu'ils peuvent se procurer des belettes, les dressent à une foule de petits exercices pendant les récréations.

C'est dans un tronc d'arbre ou dans un terrier, qu'elle fait son nid; elle met bas trois à quatre petits par portée; elle en a ordinairement deux.

Ce petit animal cruel et hardi est, de toutes les espèces que nous avons décrites, la plus dangereuse; car il faut que la porte d'un clapier soit bien close, pour qu'il ne trouve pas une issue qui lui en facilite l'entrée.

La belette a un soin extrême de ses petits; sans cesse elle les prend dans sa gueule pour les transporter d'un lieu à un autre, ce qui avait fait croire aux anciens, entre autres à Ovide, *qu'elle faisait ses petits par la bouche.*

Genre LOUTRE. — Lutra (Storr.).

Caractères. — Corps allongé, tête comprimée; jambes courtes; pieds palmés, ayant cinq doigts; queue aplatie horizontalement.

La loutre marche difficilement à terre; c'est l'eau qui est son véritable élément. Elle vit de poissons qu'elle pêche la nuit; lorsqu'elle s'est installée près d'un étang, elle ne le quitte qu'après l'avoir entièrement dépeuplé.

Le jour, elle se retire dans le voisinage des lieux où elle prend sa nourriture; c'est ordinairement dans des troncs d'arbres, dans des trous de rochers, qu'elle garnit d'herbes longues (ce sont généralement des scirpes, des carex et des iris) et où elle dépose ses petits; elle vit solitaire.

Plus d'une fois, comme la fameuse pie voleuse, la loutre a été cause de châtiments et de poursuites, dont les victimes étaient parfaitement innocentes du délit qu'on leur reprochait.

Ainsi, il est arrivé à des domestiques, à des gardes, d'être renvoyés de leurs places, étant accusés d'avoir dérobé le poisson d'un étang, d'un réservoir, etc., tandis que le vrai coupable était une loutre.

Il y a, cependant, un moyen assez facile de s'apercevoir si une loutre a pris possession d'un étang ; il suffit pour cela d'en faire le tour. Si, sur le bord, on trouve des débris d'arêtes, d'écailles, nul doute qu'une loutre exerce ses ravages au fond de l'eau. La loutre préfère à toute autre nourriture le poisson ; mais, à défaut, elle mange des mollusques et des plantes aquatiques. Elle est facile à apprivoiser ; mais pour cela il faut s'y prendre de bonne heure, car une loutre dans la force de l'âge conserve toujours son caractère sauvage.

LA LOUTRE COMMUNE. — LUTRA VULGARIS (ERXL.). — Vulgairement LA LOUÈRE, LA LEURRE, LA LUERRE.

CARACTÈRES. — Pelage brun en dessus et blanchâtre en dessous ; bords des lèvres et menton d'un gris pâle ; robe des jeunes plus foncée que celle des vieux.

Au XVIIe siècle, les pauvres habitants de nos campagnes faisaient la chasse à la loutre pour s'en nourrir et pour en avoir la peau ; les loutres étaient communes alors, et leur peau servait à faire des bonnets, des casquettes, etc. On avait deux moyens de chasser la loutre ; le plus simple était d'avoir un chien dressé, qui plongeait et ramenait à la surface de l'eau la loutre étranglée ; il arrivait quelquefois que, dans cette lutte, la loutre triomphait, se cramponnant fortement avec ses dents au cou du chien et finissant par le noyer.

L'autre moyen consistait à la faire sortir de l'eau, à l'aide de bâtons, et alors un lévrier, qui se tenait sur le bord de l'étang, sautait sur la *louerre* et la tuait.

Les paysans des bords de la Loire dressaient de jeunes loutres à la pêche. A un signal donné, la loutre se jetait à l'eau et faisait fuir le poisson, qui tombait dans des filets préparés pour le recevoir.

La faculté de médecine d'Angers, dans son *Traité des aliments*, année MDCCV, s'exprime ainsi sur les loutres :

« Elles habitent proche des lacs et des rivières, dans les cavernes « qu'elles se sont faites ; elles ruinent les rivières par la quantité de

« poissons dont elles les privent. En effet, non-seulement elles dé-« vorent avec une avidité extraordinaire tous les poissons qu'elles y « peuvent attraper, jusqu'à ce qu'elles en soient tout à fait repues, « mais elles en emportent encore avec elles dans leurs cavernes. Or, « comme ces poissons, ou sont déjà morts avant d'y arriver, ou meu-« rent peu de temps après, ils y pourrissent bientôt et y causent une « infection et une puanteur insupportable, dont la loutre se ressent « d'autant plus qu'elle vit de ces mêmes poissons corrompus ; c'est « pourquoi sa chair est peu en usage dans les aliments, si ce n'est « parmi de très-pauvres gens, qui n'ont pas d'autre moyen d'ache-« ter de meilleures viandes et qui sont pour l'ordinaire peu déli-« cats ; cette chair abonde en parties toutes visqueuses, grossières « et propres à produire des humeurs de même nature. On en fait si « peu de cas en plusieurs endroits, que les chasseurs, après avoir « dépouillé la loutre, la jettent ensuite à la voirie comme nous fai-« sons des chiens ou d'autres dont nous ne mangeons point.

« La loutre est appelée *canis fluviatilis,* parce qu'elle ressemble « en quelque chose au chien et qu'elle est souvent dans nos ri-« vières. »

La loutre est assez commune en Anjou. Ainsi M. le docteur Farge, dans sa Statistique sur les animaux à fourrures, établit qu'il en est livré au commerce quinze à vingt peaux, chaque hiver.

Genre CHIEN. — Canis (Linn.)

Caractères. — Trois fausses molaires en haut, quatre en bas, et deux tuberculeuses derrière l'une et l'autre carnassières, incisives fortement échancrées ; les pupilles toujours circulaires, queue recourbée en arc, langue douce, pieds de devant à cinq doigts, ceux de derrière à quatre.

LE LOUP ORDINAIRE. — Canis Lupus (Linn.)

Caractères. — Pelage gris fauve avec une raie noire sur les jambes de devant, lorsqu'il est adulte; queue droite, yeux obliques, iris d'un jaune fauve, oreilles droites.

Cet animal, qui, dans le nord de la France, vit en société, est presque toujours solitaire dans nos bois ; ce n'est qu'accidentellement qu'on rencontre une louve et des louveteaux. La louve porte trois mois et demi, et lorsqu'elle met bas, elle se retire dans un lieu écarté, où elle donne le plus grand soin à ses petits ; quand ils sont attaqués, elle les défend avec intrépidité et fureur.

La légèreté de son pas, la finesse de sa vue et de son odorat lui sont d'un grand secours dans les ruses qu'il emploie, afin de surprendre le mouton, qu'il guette, ou la poule, qu'il veut dévorer ; il n'a d'égal en ce genre que son compère le renard.

Des chasseurs m'ont assuré qu'un loup peut au moins faire vingt lieues par jour, sans prendre de repos.

LE LOUP NOIR. — CANIS LYCAON (LINN.)

Ce loup ne diffère du précédent que par sa couleur, qui est noire sur toutes les parties du corps. Est-ce une espèce ? ou doit-on le considérer comme une variété du loup commun ? Ce n'est point à nous à trancher cette question. Quelques savants sont portés à croire que non-seulement ce n'est pas une espèce, mais que ce n'est pas même une variété constante du loup ordinaire. C'est tout simplement, d'après eux, un individu attaqué de mélanisme. Quoi qu'il en soit, un loup entièrement noir a été tué dans l'arrondissement de Saumur et a fait partie, pendant longues années, du Cabinet d'histoire naturelle de la ville de Saumur.

Les loups sont rares en Maine-et-Loire ; on pourrait presque dire qu'ils ne sont, dans nos forêts, que de passage. Aussi, déjà depuis quelques années, l'office de lieutenant de louveterie est presque une sinécure dans nos contrées.

Nous sommes loin heureusement de ces temps où les loups désolaient nos campagnes et faisaient des descentes jusque dans nos villes. Un chanoine d'Angers, Lehoreau, raconte, dans un manuscrit déposé à la bibliothèque de l'évêché [1], qu'en l'année 1714, un loup enragé, venant des Banchais [2], entra à Angers, où il mordit

[1] Cérémonial de l'Eglise d'Angers.

[2] Le village des Banchais est situé à quatre kilomètres environ d'Angers, sur l'ancienne route de Paris.

plus de soixante personnes. Les loups étaient si nombreux à cette époque, que les cultivateurs n'osaient sortir qu'en troupes, armés jusqu'aux dents. Plus de deux cent cinquante personnes furent mordues au visage dans le faubourg Saint-Michel, et un grand nombre d'elles moururent dans d'affreuses convulsions. L'évêque Michel Poncet de la Rivière publia un mandement pour ordonner une chasse dans la province. Il promit, ainsi que MM. de la maison de ville, de donner vingt-quatre livres à celui qui lui présenterait un loup soit mort soit vif [1].

L'intendant de la généralité de Tours, dont relevait Angers, exempta tous ceux qui tuèrent des loups de payer la taille et l'impôt du sel pendant trois années. Le dimanche 10 juin, l'évêque fit une procession générale qui se rendit de l'église abbatiale Saint-Aubin-le-Riche, pour prier Dieu de délivrer l'Anjou des loups enragés. L'évêque officia pontificalement dans cette église, puis retourna, accompagné de tout son clergé et des ordres mendiants, à la cathédrale St-Maurice.

« Il se trouva en 1597, dit Ballain, dans son manuscrit *Annales « et Antiquités de l'Anjou,* plusieurs loups qui mangèrent les « enfants. On fit à Angers une procession générale le mardi 4e jour « d'aoust, afin d'obtenir de Dieu, pour la noblesse d'Anjou qui les « chassa, le courage de les tuer. »

En l'an IX de la république, M. Montault-Desilles, préfet de Maine-et-Loire, adressa au ministre de l'intérieur la lettre suivante :

« Angers, 2 ventôse an IX.

« Le préfet de Maine-et-Loire au ministre de l'intérieur.

« Une louve enragée, d'une grosseur énorme et de l'âge de trois ans, portait la désolation dans le 3e arrondissement de ce département, elle s'élançait sur toutes les personnes qu'elle rencontrait, et

[1] Les personnes mordues par le loup furent d'abord transportées à l'hôpital Saint-Jehan l'Evangéliste, mais les horribles souffrances auxquelles elles étaient en proie effrayèrent tellement les malades de cet hospice, que la maison de ville fut obligée de les faire soigner dans une maison particulière.

(Ballain, *Antiquités d'Anjou.*)

luttait avec fureur et corps à corps avec tous ceux qui l'attaquaient, elle osait pénétrer jusque dans les cours et les maisons, où quelques femmes ont été victimes de sa voracité.

« Les meilleurs chasseurs de l'arrondissement et les meilleurs chiens l'ont poursuivie pendant quatorze heures, elle a fatigué les premiers et dévoré les seconds, enfin toutes les communes menacées de cette bête féroce se sont levées en masse pour l'exterminer, et cinq mille personnes rassemblées au son du tocsin, se sont mises à sa recherche, on n'a pas eu de peine à la trouver ; car, loin de fuir le danger, elle semblait le rechercher et le bruit des armes ne faisait que redoubler sa rage.

« Deux hommes vigoureux, l'un armé d'un broc et l'autre d'un fusil, l'ont attaquée de concert ; elle s'est élancée sur eux et a brisé les armes dont ils étaient munis ; ils ont été trop heureux d'échapper à ce prix à sa fureur.

« Deux jeunes gens de la commune de Saint-Georges-Châtelaison, dont l'un a été mutilé dans les armées de la république, affligés de voir ainsi s'exposer des pères de famille, se jurèrent de ne point s'abandonner et de ne pas lâcher prise, que la louve n'eût tombé sous leurs coups. Après une lutte opiniâtre et terrible, le citoyen Georges Martin, cultivateur, âgé de 24 ans, parvint à enfoncer son broc de fer dans la mâchoire supérieure du furieux animal, qui, durant le combat, s'était élevé plusieurs fois à la hauteur de sa tête.

« C'est le 28 pluviôse dernier à deux heures du soir qu'a eu lieu cet acte de dévouement et de courage du citoyen Martin, qui a rendu à son arrondissement, et peut-être au département tout entier, le plus signalé service, en le délivrant d'un fléau épouvantable.

« Salut et respect.

« Montault-Desilles. »

En 1526, Charles de Rohan fit assembler à son château du Verger tous les paysans de la seigneurie, pour faire des *huées* aux loups. Les loups étaient alors tellement communs dans la province d'Anjou, que ces chasses se renouvelaient souvent.

Les seigneurs du Verger se livrèrent personnellement à la chasse des loups sous le règne de Charles IX. On regardait avant cette époque, comme indigne d'un gentilhomme la poursuite des loups. Jean de Clamorgan ayant mis cette chasse en honneur, les loups disparurent peu à peu de nos contrées. Les Rohan dirigèrent souvant les battues faites en Anjou contre ces terribles bêtes.

La meute du Verger était une des meilleures pour ce genre de chasse, et faisait exception à ce qu'écrivait de Clamorgan sur les chiens de France.

« Sur cent mille chiens courants que nourrit la France, il n'y en « a pas un seul, dit-il, capable de faire sortir un loup du bois ; à la « vue de cet animal, leur poil se hérisse et ils tremblent, s'enfuient « ou sont dévorés. »

Les Rohan prétendaient, avec un seul de leurs chiens, faire déguerpir un loup.

Voici comment se faisait la chasse du loup au XVIe siècle.

Après avoir reconnu l'enceinte d'une forêt où se trouvaient les loups, on l'entourait de filets, puis à un bout on plaçait des lévriers forts et hardis, et à l'autre des hommes armés de grands épieux et de massues.

Dans l'intérieur, les *batteurs* faisaient débusquer les loups en frappant le bois avec des bâtons et en poussant de grands cris.

Buffon prétend, mais à tort, que le loup n'est pas susceptible d'éducation. Nous avons vu plusieurs fois des bateleurs parcourir nos villes avec des loups dressés, auxquels ils faisaient faire les mêmes exercices qu'aux chiens savants.

Les ruses du loup, pour s'emparer de sa proie, ont donné naissance à plusieurs dictons encore familiers en Anjou, tels que celui-ci :

Qui saurait les coups,
On prendrait les loups.

Sous-Genre. — RENARD.

Les renards se distinguent des loups et des chiens par leur museau pointu, par des pupilles qui, de jour, se contractent verticalement, par leur queue plus longue et plus touffue.

Tout le monde connaît les ruses du renard, de maistre Goupil, comme on l'appelait au moyen âge.

Le renard est le symbole de la ruse et de la subtilité.

> Un vieux renard, mais des plus fins,
> Grand croqueur de poulets, grand preneur de lapins,
> Sentant son renard d'une lieue,
> Fut enfin au piége attrapé,

a dit le bon La Fontaine, dans une de ses fables.

Le renard est parfaitement organisé pour la chasse. Heureusement la nature lui a refusé la faculté de pouvoir grimper le long des murs, sans cela, rien de ce qui est dans nos jardins (car l'on sait qu'il est friand de raisins et de fruits), ou dans nos basses-cours, ne pourrait échapper à sa dent.

Cet animal est très-glouton ; il vit de rats, de souris, de lièvres, de lapins, de perdrix, de reptiles, etc., mais il faut toujours que sa proie soit vivante. Il ne chasse que la nuit, et le jour se retire dans des terriers qu'il se creuse, ou dans celui du blaireau, dont il s'empare. Très-souvent le mâle et la femelle chassent ensemble pendant les nuits d'été ; il donne de la voix ; en hiver, son cri ressemble au bêlement d'une vieille brebis ; dans les mois de janvier et février, époque de l'accouplement, il appelle la femelle par trois cris de suite.

Lorsque la femelle a ses petits, si elle s'aperçoit qu'on ait découvert sa retraite, elle va tout de suite chercher gîte ailleurs, emportant sa progéniture dans sa gueule.

Le renard pris jeune s'élève parfaitement et peut recevoir l'éducation qu'on donne à un chien ; mais il faut toujours l'éloigner de la basse-cour, car il ne perd jamais ses instincts de gloutonnerie.

> Chassez le naturel, il revient au galop.

Au XIVe siècle, les renards et autres bêtes fauves étaient si nombreux en Anjou, que « Charles de Valois, comte d'Anjou et du Maine, donna permission, en l'année 1321, à tous les habitants d'Angers d'aller à la chasse et de tuer en la garenne dudit Angers (il y a apparence que c'est la Quinte[1]) toutes sortes de bêtes fauves, tant grandes que petites. Ceux qui avoient des vignes s'obligèrent de donner 16 deniers pour avoir cette permission, et ceux qui avoient des prés hauts non noyables 12 deniers. Philippe de Valois son fils, qui fut depuis roy de France, confirma et signa ces privilèges à Aigrefain, ce qui fut ratifié par Charles-le-Bel. » (Le moine Roger, *Histoire d'Anjou*, page 291.)

La chasse du renard ne fut mise en honneur, dans l'Anjou, que sous le règne du roi chasseur par excellence, Louis XIII. Avant cette époque, nous ne trouvons aucun indice qu'elle fût pratiquée en grand, comme elle le fut jusqu'à l'époque de la Révolution.

Il n'est pas d'année qu'on ne voie, à Angers, sur le marché aux lapins et aux oiseaux, qui se tient tous les dimanches, pendant la belle saison, au boulevard de Saumur, deux ou trois renards. Il est assez difficile de préciser approximativement le nombre de renards tués, chaque année, en Anjou. Les peaux de renard sont, comme l'a parfaitement dit M. le docteur Farge, dans le travail que nous avons déjà cité, presque toutes préparées en descentes de lit, pour le compte des chasseurs eux-mêmes, et c'est un cadeau d'assez bon goût qu'on offre volontiers à ses amis comme dépouille opime. Cela réduit de moitié environ, c'est-à-dire à cent et quelques peaux, par hiver, le commerce du renard indigène. On dit proverbialement :

Dans le traquenard [2],
Jamais deux fois n'est pris renard.

LE RENARD ORDINAIRE. — Canis Vulpes (Linn.).

Caractères. — Pelage roux en dessus, blanc en dessous ; le derrière des oreilles noir ; la queue touffue, blanche à l'extrémité mêlée de quelques poils noirs.

LE RENARD CHARBONNIER. — Canis Alopex (Linn.).

Jusqu'ici l'on ne connaissait, en Anjou, qu'une espèce de renard ; on regardait à tort, selon nous, le renard charbonnier comme une variété du renard ordinaire.

[1] On désignait sous le nom de Quinte, les terrains de la banlieue soumis à la juridiction du juge ordinaire, compris entre le Pont-de-Cé et la ville d'Angers

[2] C'est-à-dire piége.

Il diffère de ce dernier par son pelage d'un roux foncé, par le bout de sa queue qui est noir, ainsi que ses pattes de devant ; il est généralement plus robuste et se fait chasser plus longtemps ; son terrier est profond ; il vit solitaire, habite nos forêts ; mais il est plus rare que le renard ordinaire.

Il existe, en Anjou, principalement dans l'arrondissement de Segré, une curieuse variété du renard charbonnier. Cette variété est connue sous le nom de *canis crucigera,* Bress. et Gern., qu'il ne faut pas confondre avec le *canis decussatus* de Geoffroi. Elle ne diffère du renard charbonnier que par quelques poils noirs, lui formant une croix sur le dos.

Genre CIVETTE. — Viverra (Linn.)

Caractères. — Molaires au nombre de six de chaque côté des mâchoires, deux tuberculeuses, la carnassière et trois fausses molaires ; six incisives à chaque mâchoire et deux canines. Langue couverte de papilles rudes comme celle des chats, oreilles arrondies de médiocre grandeur, les narines placées au bout du museau sont entourées d'un mufle comme celles du chien. La pupille devient, à la grande lumière, de forme verticale, et les ongles peuvent se retirer entre les doigts comme ceux des chats.

Le mot civette, d'origine arabe, a été d'abord appliqué à la substance odoriférante que cet animal produit, puis à l'animal lui-même. On désigne sous le nom de *viverrien* la famille des mammifères qui a pour type la civette ou genette.

LA GENETTE COMMUNE. — Viverra Genetta (Linn.) — Vulgairement Genette.

Caractères. — Pelage gris tacheté de brun ou de noir ; ces taches sont tantôt rondes, tantôt oblongues ; queue aussi longue que le corps, mêlée de noir ; museau noirâtre, taches blanches au sourcil, à la joue et de chaque côté du nez. La bourse s'ouvre au dehors par une fente oblongue placé sous l'anus, et pareille dans l'un et l'autre sexe, ce qui fait qu'il est assez difficile de les distinguer extérieurement ; cette fente conduit dans deux cavités, pouvant contenir chacune une amande ; leur paroi externe est légèrement velue et percée de plusieurs trous qui conduisent dans un follicule ovale, profond d'un centimètre, et dont la surface concave est elle-même percée de beaucoup de pores. C'est là que naît cette substance odoriférante, qui a été, de tous temps, un objet de commerce, à cause de son emploi pour la toilette et en médecine.

De tous les animaux de notre Faune, la genette est un des plus rares. Ce mammifère habite les bois et les forêts de la rive gauche de la Loire, tels que ceux de Cholet, Maulévrier, Vezins. M. Courtiller, directeur du Musée de Saumur, l'a observée à Distré.

Le cabinet d'histoire naturelle de la ville d'Angers possède trois individus de cette espèce tués dans la forêt de Vezins.

Autrefois cet animal était assez commun, en Anjou. Ainsi, dans les châteaux, il était d'usage d'en élever à l'état de domesticité, pour les dresser à une chasse très en faveur au XVIe siècle, la chasse aux rats. On l'appelait à cette époque *chat de Constantinople.*

Genre CHAT. — Felis Catus (Linn.).

Caractères. — Tête arrondie, mâchoires courtes, molaires tranchantes, les ongles sont rétractiles et peuvent se redresser par le moyen de téguments élastiques, ce qui préserve la pointe de s'user, langue hérissée de papilles cornées. Une singularité inexplicable, c'est que tous les chats marqués de trois couleurs, jaune, noir et blanc, sont des femelles [1].

LE CHAT SAUVAGE. — Felis Catus (Linn.).

Pendant longtemps, j'ai hésité à reconnaître l'habitat du chat sauvage dans nos contrées ; je n'avais jamais vu ce quadrupède, et sa présence, en Anjou, ne m'avait été révélée que par un dessin de l'*Indicateur de Maine-et-Loire,* dessin qui ne me représentait qu'un pauvre chat maigre, rendu sauvage par la faim.

Pour éclaircir cette question, je me suis adressé à mon bon et excellent ami, M. Courtiller jeune, directeur du Cabinet d'histoire naturelle et d'archéologie de la ville de Saumur. Cet excellent collègue s'est empressé, avec sa complaisance habituelle, de me faire parvenir la photographie d'un chat sauvage, qui se trouve, depuis quelques années, dans la galerie des mammifères du Musée saumurois, et une description exacte de l'animal. La vue de cette photographie a entièrement levé mes doutes ; elle n'a rien de commun avec le dessin dont nous venons de parler.

[1] *Dictionnaire universel d'histoire naturelle.* Verbo, Chat domestique, p. 417

J. LE ROCH, PHOT. SAUMUR.

CHAT SAUVAGE.

Caractères. — Longueur totale $0^m,90$ centimètres, du corps $0^m,60$ centimètres, de la queue $0^m,30$ centimètres, de hauteur aux épaules $0^m,89$ centimètres. Pelage jaunâtre mélangé de brun, à peu près semblable à celui du lièvre ou du loup, mélange dû à ce que chaque poil est roux à la base, blanc au milieu et noir à la pointe, ce qui rend la nuance un peu plus foncée pour ce dernier. Quatre petites raies noires descendent du sommet de la tête et s'arrêtent à l'extrémité du cou, deux autres raies un peu plus fortes s'étendent sur les épaules, et du milieu de ces deux raies part une bande noire, qui s'étend sur le dos jusqu'à la naissance de la queue qui est annelée de roux et de noir, et couverte de poils assez touffus, poils de la face d'un roux fauve avec quelques bandes plus foncées, lèvres noires, dessous des mâchoires blanc, une petite tache ronde blanche au milieu de la gorge, dessous du corps d'un roux plus pâle mêlé de gris; intérieur des cuisses postérieures d'un roux fauve vif. Une femelle.

On sait que, dans les chats, les mâles sont beaucoup plus grands que les femelles. Jamais les chats, même à la campagne, n'ont atteint ces proportions, ni revêtu ces couleurs.

Trois chats sauvages, à la connaissance de M. Auguste Courtiller, ont été tués dans les environs de Saumur, au bois de Courléon, Verrie, etc.

Le chat sauvage vit isolé dans les bois, fait la chasse aux lièvres et aux perdrix, dépose ses petits dans des troncs d'arbres. Lorsqu'il est lancé par des chiens courants, il se fait poursuivre absolument comme le renard. Fatigué, il grimpe sur un arbre, se couche sur une branche et regarde fort tranquillement passer la meute.

C'est du croisement du chat sauvage avec le chat ganté que descendent, comme on sait, les diverses variétés de chats que nous tenons en domesticité, tels que :

Le chat domestique tigré, *felis catus domesticus,* Linn.
Le chat des Chartreux, *felis catus cœruleus,* Linn.
Le chat d'Espagne, *felis catus hispanicus,* Linn.
Le chat angora, *felis catus angorensis,* Linn.
Le chat rouge de Tobolsk, de Gmelin.
Le chat de Chine, à oreilles pendantes.
Le chat Malais, de Raffles.

4e ORDRE

Cet ordre comprend des animaux tous étrangers à l'Europe.

5e ORDRE. — LES RONGEURS

Caractères. — Deux grandes incisives à chaque mâchoire, séparées des molaires par un espace vide, point de canines; ces incisives leur servent à ronger leurs aliments.

Généralement ces mammifères sont très-faibles ; ils échappent à leurs nombreux ennemis par leur légèreté et leur vitesse. Plusieurs vivent dans des terriers profonds, qu'ils se creusent avec leurs pieds de devant; d'autres, pourvus d'ongles aigus, grimpent sur les arbres et se cachent sous le feuillage. Leur nourriture se compose d'écorce, de grains, de glands et de fruits.

Genre ÉCUREUIL. — Sciurus Linn.

Caractères. — Queue longue garnie de poils, incisives inférieures très comprimées, cinq molaires en haut de la mâchoire et quatre en bas.

L'ÉCUREUIL COMMUN. — Sciurus Vulgaris (Linn.)

Caractères. — Pelage roux tirant plus ou moins sur le brun, ventre blanc, oreilles terminées par un pinceau de poils à leur extrémité ; queue en dessus de la couleur du dos, en dessous les poils sont annelés de blanc et de brun.

L'écureuil vit par couple; le mâle n'abandonne jamais sa femelle. Souvent l'on rencontre les écureuils en troupes ; ils sont sédentaires et ne s'éloignent guère des forêts qui les ont vus naître.

L'écureuil place son nid à la bifurcation d'une branche; il le forme de bois flexible et le tapisse de mousse. Ce nid a une forme sphérique ; il est recouvert d'une espèce de toit conique qui empêche la pluie d'y pénétrer. Les petits sont au nombre de quatre ou cinq et naissent vers la fin de juin.

L'écureuil construit toujours plusieurs nids, qu'il échelonne à une assez grande distance les uns des autres, et souvent la mère change de demeure avec sa progéniture, quand même elle n'est pas inquiétée ; elle transporte alors ses petits avec la gueule.

Dans le mois d'août, l'écureuil les descend à terre, les promène et les fait jouer sur la mousse. S'il prévoit un danger, tout de suite il les remonte, non pas dans le nid, ce serait trop long, mais sur une branche touffue, et les cache ainsi à tous les regards.

Dès qu'il entend du bruit, l'écureuil sort de son nid. Grâce à la ténuité de ses ongles, il se suspend à l'écorce des arbres, de sorte qu'il met toujours, entre lui et son ennemi, l'épaisseur du tronc ; tournant autour de l'arbre, il grimpe ainsi, sans servir de point de mire au chasseur, et parvient aisément à gagner l'enfourchure d'une branche, où il se blottit et reste invisible.

Lorsqu'un écureuil est effrayé, il saute en fuyant de branche en branche. Dans les environs de Combrée, où les écureuils ne sont pas rares, les collégiens, les jours de promenade, lorsqu'ils en rencontrent, les poursuivent en criant ; l'écureuil, étourdi par les clameurs qui retentissent de toutes parts, finit par tomber à terre, alors la gent écolière forme autour de lui un cercle et s'empare facilement de ce joli rongeur.

L'écureuil n'est point comme la cigale, qui

> Ayant chanté tout l'été,
> Se trouva fort dépourvue
> Quand la bise fut venue.

Il songe à l'hiver, fait dans les troncs d'arbres, dans les trous, plusieurs magasins où il entasse glands, noix, fruits, etc.

Les écureuils font de grands dégâts dans les sapinières, en rongeant l'écorce des arbres.

Les écureuils sont très-recherchés par les habitants du Baugeois, qui trouvent leur chair excellente. Dans les dîners du moyen âge, nous voyons figurer sur les tables des écureuils rôtis.

L'écureuil s'apprivoise très-facilement. Les personnes qui en élèvent prétendent qu'il suffit de leur donner une ou deux amandes amères pour les faire périr.

Genre LOIR. — Myoxus (Gmel.).

Caractères. — Deux longues incisives de chaque côté de la mâchoire, plates à la partie antérieure, à la partie postérieure comprimées; les incisives supérieures sont coupées carrément; celles au contraire qui sont inférieures sont pointues; quatre molaires de chaque côté, divisées à leur base en racines; les membres antérieurs, plus courts que les postérieurs, sont terminés par une main divisée en quatre doigts armés d'ongles pointus; les pieds ont cinq doigts, la queue est longue; la pupille ronde; le mufle divisé en deux par un profond sillon; la langue longue, couverte de papilles.

Les loirs sont des rongeurs nocturnes; leur pelage est orné de douces couleurs; leur queue a beaucoup de rapport avec celle de l'écureuil. Dès les premiers froids, ils tombent en léthargie et ne se réveillent qu'aux beaux jours.

Accidentellement il arrive, si la température s'élève, qu'ils sortent de leur état de torpeur; alors ils consomment les provisions qu'ils ont amassées dans l'arbre creux qui leur sert de gîte. Ces provisions sont ordinairement des noix, des châtaignes, des noisettes, etc.

LE LOIR. — Myoxus Glis (Gmel.).

Caractères. — Gris cendré aux parties supérieures, aux inférieures d'un blanc légèrement roussâtre, un cercle d'un gris noirâtre autour des yeux, la queue aussi longue que le corps est entièrement couverte de poils longs, épais et cendrés; dessus des pieds d'un brun noirâtre, oreilles courtes presque rondes et un peu plus larges à leur extrémité qu'à leur base.

Le loir, qu'on s'obstine à regarder comme habitant l'arrondissement de Baugé, est une espèce méridionale complétement inconnue à l'Anjou, du moins jusqu'à ce moment. Nous avons indiqué ses caractères généraux, au cas, ce que nous n'espérons guère, qu'un naturaliste nous prouverait, par ses observations, que le *myoxus glis* est réellement l'hôte des forêts de Chandelais et de Monnoye.

Ce sont les loirs de cette espèce que les Romains élevaient et qu'ils prenaient soin d'engraisser pour leurs tables. Ils sont encore aujourd'hui recherchés comme aliment dans certaines parties de l'Italie.

LE LEROT. — MYOXUS NITELA (GMEL.). — Vulgairement RAT LIRON [1], RAT DORMEUR, LOIR.

CARACTÈRES. — Pelage gris brun en dessus, blanchâtre en dessous, une plaque noire autour de l'œil qui s'en va en s'élargissant jusqu'à l'épaule, oreilles allongées, le bout de la queue touffu terminé de blanc.

Le lérot est un des grands dévastateurs de nos jardins. Dès qu'il avise un espalier, il ne faut plus, s'il est garni de pêches, de poires ou de raisins, songer à en manger sans qu'il en prenne sa large part. Je ne connais pas d'animal plus léger; il saute par bonds, comme l'écureuil, et très-souvent se place sur le derrière pour ronger les fruits. Si on veut le saisir vivant, on ne peut le faire qu'avec un filet.

Le lérot s'accouple au printemps; sa portée est de quatre à cinq petits; il fait son nid, qui se compose de mousse, dans des trous de murailles, dans des arbres creux, descend rarement à terre et boit très-peu. Comme les rats, il fait des magasins de fruits secs pour le cas où la disette se ferait sentir.

Les paysans du Baugeois lui font la chasse et trouvent sa chair très-bonne. Le lérot s'engourdit, quand la température tombe à six degrés au-dessus de zéro; en captivité, il ne s'engourdit pas, s'il est tenu dans un appartement très-chaud; ainsi j'en ai conservé deux, tout un hiver, constamment éveillés.

Le sommeil du lérot est très-pesant. Il se roule en boule, s'enfonce sous un amas de mousse qu'il a fait dans un arbre creux, et n'en bouge plus qu'à la belle saison.

Le conservateur de notre musée, M. Deloche, m'a rapporté le fait suivant :

Un jour des ouvriers abattirent un arbre creux, dans lequel se trouvait un lérot engourdi; la chute de l'arbre ne réveilla point l'animal, et l'on ne s'aperçut de sa présence que lorsque l'arbre

[1] Le nom de Liron a été donné au Lerot parce que cet animal a l'habitude de se cacher dans le Saumurois, sous les pierres de tuf dont les parties dures sont appelées par les ouvriers *lirons*.

fut scié ; le pauvre lérot, atteint par les dents de la scie, fut coupé en deux.

Très-commun dans les arrondissements de Baugé et de Saumur, moins commun dans les autres parties du département.

On dit proverbialement d'une personne qui dort l'hiver, après son dîner :

Quand vient le soir,
Il dort comme un loir.

LE MUSCARDIN. — Mus Avellanarius (Linn.)

Caractères. — Pelage roux en dessus, blanchâtre en dessous, queue de la longueur du corps, poils disposés en éventail.

Cette espèce est essentiellement méridionale, et ce que nous avons dit du loir s'applique au muscardin. Il n'a jamais été trouvé en Anjou, et nous serions heureux de nous être trompé ; ce serait une espèce de plus dont nous enrichirions notre Faune.

Genre RAT. — Mus (Cuv.)

Caractères. — Incisives supérieures assez courtes et en coin, les inférieures comprimées arquées et très-aigues à leur extrémité, molaires simples à couronne garnie de tubercules, oreilles oblongues ou arrondies souvent nues, museau prolongé, yeux saillants, queue de la longueur du corps composée d'un grand nombre de petits anneaux, écailles entre lesquels paraissent de petits poils raides.

Les rats sont omnivores ; lorsque pour eux la disette se fait sentir, ils s'attaquent mutuellement, et les plus faibles deviennent la proie des plus forts. Les femelles font plusieurs portées dans l'année ; les jeunes rats croissent rapidement et sont bientôt en état de se conduire eux-mêmes.

LE RAT NAIN. — Mus Minutus (Pall.). — Messorius (Sharb.)

Caractères. — Pelage d'un beau fauve, jaune plus vif sur les joues et sur la croupe ; dessous de la tête, poitrine et ventre blancs, oreilles courtes, museau hérissé de poils pointus et comprimés, moustaches noires terminées de blanc, queue d'un jaune clair.

Son nid est fait comme celui d'une mésange, de forme sphérique ;

il est composé de brins de paille et suspendu à quelques centimètres du sol, soit à des tiges de blé, soit au centre d'une touffe d'herbe. C'est dans ce nid qu'il dépose ses petits, au nombre de sept ou huit par portée.

Ce rat, qui est le plus petit de toutes les espèces connues en France, fait d'énormes ravages dans nos moissons. Non-seulement il ronge les blés lorsqu'ils sont coupés, mais encore lorsqu'ils sont debout ; il grimpe avec une facilité très-grande jusqu'à l'extrémité de la tige, coupe l'épi, redescend et l'emporte dans un de ses magasins.

J'ai vu maintes fois, dans les champs de blé, de véritables allées tracées par la dent du rat nain ; ces allées étaient bordées de tiges de blé entièrement dépourvues de leurs épis.

Le rat nain se creuse sous terre une retraite dont la forme est ronde et qu'il tapisse de mousse.

On le trouve dans tout le département.

LE RAT SOURIS. — Mus Musculus (Linn.)

Caractères. — Pelage d'un gris plus ou moins brun, cendré en dessous, queue de la longueur du corps, yeux assez petits à fleur de tête.

La souris est le commensal de toutes les habitations que l'homme s'est choisies ; elle vit à nos dépens, sous nos yeux. Cet hôte incommode a suivi l'homme dans les cinq parties du monde ; il mange de tout. Il n'est personne qui n'ait pas eu à se plaindre de ses ravages, pas même les savants, dont il ronge les livres ! Ce mammifère se multiplie énormément ; ses portées sont de quatre à six petits.

La souris ne s'engourdit jamais et supporte les hivers les plus rigoureux ; habite rarement les champs.

Nos campagnards, pour dire que la souris se trouve partout, emploient ce vieux proverbe :

D'Angers à Paris
Se loge la souris.

Il existe deux variétés, l'une isabelle et l'autre blanche avec des yeux rouges. La souris s'apprivoise parfaitement.

Au XVIIe siècle, l'énorme échafaudage que les artistes capillaires de cette époque dressaient chaque matin sur la tête des grandes dames avait fait donner à une des pièces, qui toutes portaient des noms étranges, celui de « souris. »

« C'était, dit Regnard, un petit nœud nompareille qui se place « dans le bois. — *Nota.* On appelle *petit bois* un paquet de cheveux « hérissés qui garnissent le pied de la futaie bouclée. »

LE MULOT. — Mus Sylvaticus (Gmel.).

Caractères. — Pelage fauve légèrement teinté de noirâtre, les poils sont gris ardoisé depuis leur racine jusqu'aux deux tiers de leur longueur, la pointe de ces poils est noirâtre, le dessous blanc forme une ligne de démarcation bien distincte avec la couleur fauve du dessus, yeux grands, pieds blancs velus, queue de la longueur du corps rarement plus courte, blanchâtre en dessous, poilue surtout vers le bout, moustaches blanches, un peu noirâtres à leur base. — Il existe une variété cendrée. — Le mulot est quelquefois atteint d'albinisme.

Ce rongeur doit être classé parmi les grands ennemis de nos moissons. Il emmagasine l'été d'énormes provisions pour les mauvais jours, dans des trous d'une profondeur de 33 centimètres ; ces trous sont toujours protégés par des broussailles, des buissons.

Le mulot se creuse des terriers assez vastes ; chose singulière, ils ont constamment deux ouvertures. Il s'empare des galeries de la taupe et y élit domicile.

Lorsqu'il est poursuivi, il ne court point en ligne droite ; il fait, dans un espace assez restreint, maints circuits, jusqu'à ce qu'il ait trouvé un trou, dans lequel vite il se blottit ; c'est du reste généralement près de sa demeure qu'il se tient. Il émigre peu, tant qu'il trouve à se nourrir. Le mulot a horreur de l'eau ; lorsqu'on irrigue une prairie élevée, on est tout étonné de voir sortir de tous côtés, surtout des taupinières, des bandes de mulots qui prennent la fuite.

Lors de la dernière inondation de la Loire, qui eut lieu les premier, deuxième, troisième et quatrième jours du mois d'octobre 1866, la chaussée du Louet (Ponts-de-Cé) était sillonnée d'une multitude de mulots qui, chassés par le débordement du fleuve, émigraient sur les hauteurs en traversant les ponts.

Les grandes préoccupations qui occupaient alors tous les esprits empêchèrent les cultivateurs de se livrer à la destruction de cet animal nuisible, et pourtant l'occasion était belle.

Le mulot fait plusieurs portées ; elles sont de neuf à dix petits.

Le mulot, qui s'apprivoise parfaitement, est cependant d'une nature méchante.

LE RAT NOIR. — Mus Ratus (Linn.)

Caractères. — Pelage noir un peu luisant en dessus, poils assez longs et peu serrés, dessous du corps cendré, pieds noirâtres peu poilus, doigts parsemés de poils blanchâtres, queue dépassant la longueur du corps peu poilue et mince vers le bout.

Il existe plusieurs variétés du rat noir :

1° Variété brune ;

2° Variété roussâtre ;

3° Variété gris cendré ;

4° Variété isabelle ;

5° Variété blanchâtre ;

6° Variété blanche avec des yeux rouges.

Cet animal, que quelques auteurs prétendent nous avoir été apporté par les Croisés, est aujourd'hui malheureusement répandu partout où l'homme habite ; nos granges, nos greniers, sont les lieux où il élit domicile et exerce ses nombreux ravages, en dévorant le grain, la farine, les fruits, les légumes, la viande, surtout le lard.

Le rat noir est très-friand de vin ; lorsqu'il pénètre dans un cellier, il ronge les bouchons des bouteilles, mais ne les débouche pas, comme on le dit, parce que cela lui est impossible, ses dents n'ont pas assez de prise pour attirer à elles le bouchon hors du goulot de la bouteille ; ce qui a fait croire à cette version très-accréditée dans le peuple, c'est qu'il arrive quelquefois que de mauvais bouchons, étant rongés à leur extrémité, laissent couler le vin, qui tombe alors à terre et est bu par les rats.

Mais où l'intelligence du rat se déploie, c'est dans un cellier qui contient du vin en cercles. Il est d'usage de couvrir la bonde de la barrique, soit avec une pierre ou un cul de bouteille, afin d'empêcher toute malpropreté de tomber par l'orifice dans la barrique. Si la pierre ou le cul de bouteille sont un peu légers, ils sont facilement déplacés par les rats, qui les poussent avec leur museau, jusqu'à ce qu'ils se soient fait un jour suffisant, pour boire le vin à leur aise. Ils sont parfois victimes de leur gourmandise; ainsi, quand la barrique n'est pas entièrement pleine, le rat se laisse glisser dans l'intérieur en s'accrochant par les pieds de derrière aux parois de la bonde ; étourdi par les fumées du vin, il lâche prise, tombe au fond de la barrique et se noie.

Au moment des amours, ils se livrent de violents combats ; on les entend alors pousser des cris qui ressemblent à des sifflements aigus.

Leur nid est grossièrement fait avec de la paille, du foin, des guenilles, etc. ; les petits naissent nus et aveugles, comme ceux des autres espèces ; ils font plusieurs portées, chacune de neuf petits.

LE RAT SURMULOT. — Mus Decumanus (Pallas). — Vulgairement Rat d'égout.

Caractères. — Pelage cendré mêlé de ferrugineux, en dessus et de longs poils noirs clairsemés, pieds d'un blanc jaunâtre, doigts couverts de poils rigides, museau allongé et aplati en dessus, longues moustaches composées de poils noirs et blancs, oreilles grandes, larges et ovales, yeux à fleur de tête, mâchoire inférieure courte, queue robuste garnie de poils roides, longue de vingt-quatre centimètres. — Le corps de cet animal a dix-huit centimètres de longueur.

Ce rongeur, le plus grand de tous nos rats, est d'une nature cruelle ; il ne peut, dans les lieux où il habite, souffrir aucune autre espèce que la sienne. Il loge dans les égoûts, dans les fosses d'aisance, dans les cloaques, en un mot dans les endroits où des substances animales en décomposition sont rassemblées ; il se cache souvent dans l'intérieur des charognes, dans les têtes de chevaux abattus, etc.

On rencontre quelques-uns de ces animaux dans les champs ; ils font la chasse aux levrauts, aux lapereaux, aux jeunes perdrix, etc.

Certaines personnes croient que l'odeur du lapin les fait fuir à tout jamais des lieux qu'ils habitent, et c'est un des moyens indiqués pour chasser ces nuisibles animaux ; ceci n'a rien d'exact.

Le surmulot, lorsqu'il peut entrer dans une garenne, saisit à la gorge un lapin, le saigne et le dévore ensuite. On a vu des surmulots se battre avec des chats et les mettre en déroute.

Les femelles font plusieurs portées de douze à vingt petits ; on comprend parfaitement que ces animaux pullulent dans nos villes.

Dans les campagnes, le surmulot se fait un terrier comme celui du mulot, mais plus large ; généralement il habite près des lieux frais et ombragés.

Genre CAMPAGNOL. — Arvicola (Lacep.).

Caractères. — Ces rongeurs ont comme les rats trois machelières, leurs dents manquent de racines et sont formées de prismes triangulaires placés alternativement sur deux lignes ; museau court et obtus, oreilles larges, yeux petits, quatre doigts onguiculés aux pieds inférieurs ; les postérieurs en ont cinq ; pouce très-petit ; queue ronde velue atteignant au plus la longueur du corps.

LE CAMPAGNOL AMPHIBIE. — Arvicola Amphibius (Lacep.). — Vulgairement Rat d'eau.

Caractères. — Pelage d'un gris foncé, flanc d'une teinte plus claire, queue d'un tiers plus courte que le corps, oreilles courtes presque nues, bordées de poils à leurs extrémités, museau grisâtre, poils de la lèvre supérieure blanchâtres raides ; pieds écailleux et forts couverts de poils courts ; longueur totale vingt-six centimètres.

Le rat d'eau habite sur le bord de tous nos ruisseaux ; il ne se nourrit que de racines et de plantes aquatiques. On s'est trompé lorsqu'on a écrit qu'il *vit de poissons, même de grenouilles et d'écrevisses.*

Il a une nourriture beaucoup moins succulente.

J'ai eu en captivité un campagnol amphibie. Maintes fois je l'ai mis dans l'eau avec des petits poissons, tels que verron (*leuciscus phoxinus*, L.), épinoche (*gasterosteus aculeatus*, L.), jamais il n'y touchait, et dès que je lui présentais des racines, il les dévorait avec avidité.

Ce campagnol se creuse une retraite souterraine parallèle au sol; l'orifice à première vue paraît si étroit, qu'on ne peut se figurer qu'un rongeur de cette grosseur puisse y entrer ; mais la nature lui a donné le pouvoir de s'aplatir ; il se couche sur le ventre, s'allonge et pénètre ainsi dans sa demeure. Dès qu'il a franchi le seuil de sa maison, il est évidemment à l'abri de tout danger. Cinq ou six conduits mènent à sa *chambre*, et tous ont des issues différentes ; quelques-uns de ces chemins sont tortueux, d'autres droits, de sorte qu'un animal, qui se hasarde à sa poursuite dans ce ténébreux labyrinthe, court souvent le risque d'être complétement dérouté et de perdre toute trace de l'ennemi qu'il poursuit.

Sur terre comme dessous, le rat d'eau est constamment inquiet ; le moindre bruit le fait fuir, il plonge avec une adresse extrême, puis quelques secondes après il montre son narquois museau et ses moustaches luisantes à la surface de l'eau, et reste dans cette position jusqu'à ce qu'il n'aperçoive plus rien qui puisse lui inspirer de crainte.

CAMPAGNOL DES CHAMPS. — Arvicola Arvalis (Lacep.). — Vulgairement Rat des Champs Campagnol Ordinaire.

Caractères. — Pelage fauve mêlé de gris, les femelles sont plus marquées de cette dernière couleur ; sur les flancs, la couleur fauve est plus claire ; oreilles dépassant la longueur du poil, elles sont garnies de petits poils de la couleur de ceux du dos ; yeux assez grands à fleur de tête ; pieds garnis de poils courts et roides, blanchâtres ou blanc jaunâtre ; queue couverte de poils courts d'un jaune sale ; longueur totale quatorze centimètres.

Ce campagnol, essentiellement terrestre, habite les champs ensemencés. C'est là qu'il fait son terrier et qu'il passe la belle saison ; l'hiver il se retire soit dans les bois, soit dans les broussailles, dans un terrier préparé d'avance et où se trouvent ses magasins.

La femelle, lorsqu'elle est prête à mettre bas, pratique en dehors de son terrier un trou sphérique, auquel aboutissent plusieurs galeries, par où elle peut sortir sans être surprise. C'est là qu'elle établit son nid, formé d'herbes sèches et tapissé, au fond, de mousse. J'ai vu bien des fois de ces nids; ils sont constamment garnis de l'*hypnum cupressiforme*, L. Le campagnol construit ce nid à 30 centimètres sous terre. Ses portées, au nombre de deux, sont de six à dix petits.

L'*arvicola arvalis* est, pour nos moissons, un ennemi plus dangereux encore que le rat. Non-seulement il dévore les blés mûrs, mais encore il emporte la semence, avant même qu'elle soit germée. Ainsi, pour donner un exemple de ses ravages, un département voisin du nôtre, le département de la Vendée, d'après des documents officiels, a éprouvé en moins de deux années [1], par les campagnols, une perte de 2,720,373 francs. Les campagnols ne s'étaient pas contentés des céréales, ils avaient fait invasion dans les prairies et avaient perdu complétement les foins. Pour se débarrasser de ces êtres incommodes et destructeurs, les Vendéens eurent recours au poison.

L'*arvicola arvalis* n'est jamais en peine de sa nourriture; tout lui est bon : semence, fruits, oignons, racines, feuilles, etc. Il s'apprivoise facilement en captivité. Le campagnol des champs est d'une nature cruelle; ainsi, j'ai vu, autour d'un campagnol pris dans un piége, deux autres de la même espèce occupés à dévorer son cadavre.

CAMPAGNOL FAUVE. — Arvicola Fulvus (Desm.).

Caractères. — Pelage d'un fauve tirant au jaune en dessus, dessous blanc ou blanchâtre; queue jaunâtre plus foncée en dessus, pieds couverts de poils serrés jaunâtres, yeux noirs très-petits. Longueur totale neuf centimètres.

Ce campagnol ressemble un peu à l'*arvalis*, et il se trouve dans les mêmes lieux. Très-rare, n'habite pas le Saumurois.

[1] 1816 à 1817.

CAMPAGNOL SOUTERRAIN. — ARVICOLA SUBTERRANEUS (DE SELYS).

CARACTÈRES. — Pelage gris de souris en dessus, pieds cendré foncé, queue noirâtre, yeux petits, oreilles presque nues.

Comme la taupe, l'*arvicola subterraneus* ne sort que le soir et passe toute la journée sous terre. C'est dans les jardins qu'il s'établit; très-rusé, il fait le désespoir des maraîchers, qui ne peuvent chasser de leurs cultures cet ennemi obstiné, ce ravageur des plates-bandes, ce rongeur qui dévore les oignons, les carottes, le céleri, les betteraves, etc. Cette espèce multiplie beaucoup; elle ne se mêle jamais avec ses congénères.

On trouve ce campagnol dans tout le département.

CAMPAGNOL ÉCONOME. — ARVICOLA ŒCONOMUS (DESM.).

M. Pierre Millet, dans la première partie de sa Faune (1828), la seule publiée jusqu'à ce moment, donne la description du campagnol économe, auquel il prétend reconnaître un peu de ressemblance avec le campagnol vulgaire, « sauf sa tête et ses oreilles plus courtes, ses poils plus longs et plus touffus et ses yeux moins grands. » Il le signale dans les mêmes parages que le campagnol vulgaire, et surtout dans l'arrondissement de Segré et dans le Craonnais.

J'ai tout lieu de penser que M. Millet a pris une autre espèce pour le campagnol économe. Il cite les cabinets de M. Courtiller, le sien et le Muséum d'Angers, comme lui ayant fourni les types, qui lui ont permis d'étudier ce rongeur. Mon excellent ami M. Courtiller jeune, qui m'a communiqué, avec sa complaisance habituelle, tant de bons renseignements sur les êtres dont je m'occupe dans ce travail, m'a fait parvenir la liste de tous les campagnols du Saumurois [1], et, comme je m'y attendais parfaitement, je n'y ai pas vu figurer le campagnol économe. Je ne l'ai pas davantage rencontré au Musée de la ville. Quant au cabinet particulier de M. Millet, je ne le connais pas; mais je serais bien étonné que le

[1] M. Courtiller nous écrivait le 22 novembre 1867 : « Nous avons les quatre campagnols indiqués dans la Faune de France : le campagnol amphibie, le souterrain, le roussâtre et le vulgaire. »

campagnol économe originaire de l'Anjou s'y trouvât ; car il est reconnu de tous les naturalistes que cet animal n'habite pas l'Europe. Laissons à ce sujet parler un des grands maîtres de la science, M. de Quatrefages :

« Sa zone s'étend de la Daourie jusqu'au Kamtschatka. C'est au « fond des vallées humides de cette vaste contrée, que ce petit qua- « drupède se retire et déploie, dans la construction de son domi- « cile, une industrie et une prévision de l'avenir vraiment admi- « rables. La chambre principale, d'un pied de diamètre sur trois « ou quatre pouces de hauteur, est placée sous une motte solide qui « lui forme un plafond naturel à l'abri de tout éboulement. De ce « point, pris pour centre, s'étendent en tous sens une trentaine de « boyaux, s'ouvrant d'espace en espace par des soupiraux d'un « pouce de diamètre. C'est là qu'il se tient pendant ses heures de « repos, couché sur un lit de mousse, au milieu de sa grande « chambre, prêt à s'enfuir par une des galeries qui lui servent en « outre de chemin couvert pour aller à la picorée.

« Mais ces travaux, déjà considérables, ne sont que le premier « étage de cette habitation. En dessous se trouvent les magasins, « au nombre de trois ou quatre : ce sont de grandes salles qui com- « muniquent, par autant de boyaux sinueux, avec les parties ha- « bitées du logis. C'est dans ces espèces de caves que, dès le prin- « temps, nos prévoyants mammifères apportent les provisions d'hi- « ver. » (*Dict. univ. des sciences nat.*, verbo Campagnol Économe).

CAMPAGNOL ROUSSATRE. — ARVICOLA RUBIDUS (DE SELYS-LONGCHAMPS.)

CARACTÈRES. — Pelage roux, rubigineux en dessus, cendré sur les côtés, blanchâtre en dessous, queue plus longue que la moitié du corps, noirâtre en dessus, blanchâtre en dessous, pieds blancs.

Mêmes mœurs que les campagnols vulgaire et fauve.

Iles de la Loire. L'*Arvicola rubidus* est une des espèces les plus communes de celles qui habitent le Saumurois. On le trouve partout dans les jardins, où il fait un dégât considérable. Au printemps, à l'époque des amours, le mâle répand une odeur très-forte qui rappelle beaucoup celle de la couleuvre à collier.

Genre LIÈVRE. — Lepus (Linn.).

Caractères. — Les animaux de ce genre diffèrent de tous les rongeurs par la bouche garnie de poils, par les incisives supérieures doubles, par les pattes postérieures longues, et le dessous des pieds poilu comme le reste du corps ; les oreilles sont longues ; ils portent la queue relevée.

LE LIÈVRE COMMUN. — Lepus Timidus (Linn.)

Caractères. — Pelage d'un gris fauve glacé de brun, oreilles longues dépassant la tête, cendrées sur la coque et noires à la pointe, queue blanche avec une raie noire en dessus.

Dans un profond ennui ce lièvre se plongeait.
Cet animal est triste et la crainte le ronge [1].

Ce portrait, tracé de main de maître, est d'une exacte vérité. Le pauvre lièvre a tant d'ennemis, qu'il doit constamment être sur ses gardes ; et de là, son caractère soucieux et sombre.

Les habitants de nos campagnes croient fermement que le lièvre dort les yeux ouverts. Ce préjugé a pris une si grande consistance dans nos pays, que des hommes sérieux, qui ont écrit sur le lièvre, ont présenté cette fable comme une réalité.

Je ne crois pas qu'il existe dans la nature un animal qui puisse dormir les yeux ouverts. Le lièvre, très-défiant de sa nature, a le sommeil excessivement léger ; il est presque impossible de le surprendre, le moindre bruit le met en éveil, voilà pourquoi bien des gens qui ont vu, au gîte, un lièvre ayant les yeux ouverts et se tenant dans un état d'immobilité complète, de peur d'être découvert, ont cru qu'il dormait. Mais il n'est aucun d'eux qui ait pu le saisir, car dès qu'il aperçoit quelqu'un, il détale avec une extrême rapidité ; rien ne l'arrête dans sa course, et il lui arrive, dans son ardeur à fuir lorsqu'il est poursuivi, d'aller étourdiment se frapper la tête contre un arbre ou contre un mur, de tomber blessé et quelquefois mort.

Le lièvre vit sur la terre ; son gîte est entre quelques mottes, entre quelques pierres.

[1] La Fontaine.

Il s'accouple la nuit, de décembre à mars. Lorsque le soleil est couché, il abandonne sa retraite pour brouter l'herbe, et surtout le serpolet, dont il est très-friand. Il rentre deux heures environ avant l'aurore.

On donne le nom de *bouquin* au mâle, de *hase* à la femelle, et aux petits celui de *levrauts*. Le mâle est voyageur, il émigre assez loin ; quant à la femelle, elle est sédentaire. Elle porte de trente à quarante jours ; sa portée est de trois à quatre petits, qu'elle dépose soit sur une touffe d'herbe, soit sur un buisson.

On rencontre quelquefois des lièvres blancs ou isabelle ; ce changement de pelage est dû à des causes accidentelles.

Dans le parc de Jarzé, on trouve une variété de lièvre au poil blanc mêlé de gris.

La chasse du lièvre a été de tout temps un plaisir fort recherché. Faire *filer le lièvre* était une des grandes distractions de nos rois.

Sous François Ier, il y avait un vieux dicton bien connu des chasseurs de nos provinces :

> Lièvre je suis de petite stature,
> Donnant plaisir aux nobles et gentils ;
> D'estre léger et viste de nature,
> Sur toute beste on me donne le prix.

Voici comment à cette époque se pratiquait, en Anjou, la chasse au lièvre :

Les chasseurs se réunissaient en certain nombre et se tenaient tous sur une ligne. Aux deux extrémités étaient deux meutes de lévriers et une au milieu. On lâchait la meute du centre, qui faisait lever le lièvre, et s'il obliquait à droite ou à gauche, on lançait à sa poursuite la meute la plus près de la direction qu'il prenait. Sous Charles IX, les Rohan-Guémené avaient droit de chasser le lièvre et le lapin avec des armes à feu, ce qui n'était accordé à la plupart des autres seigneurs de l'Anjou, que pour les oiseaux de passage ; par exception, ils pouvaient dans leurs chasses se servir de toute espèce de chiens (généralement il n'était permis aux gentilshommes de n'avoir que des chiens courants) ; ils avaient le droit d'exiger une amende de toute personne prise chassant dans les garennes et bois dépendant de la terre du Verger. Si ces mêmes personnes étaient en récidive, ils pouvaient leur faire donner le fouet; mais ce châtiment ne devait avoir lieu qu'autour de la garenne ou dans la forêt où le délit avait été commis.

Au château du Verger, où la vénerie était montée sur un très-grand pied, et dans les autres châteaux de l'Anjou, la position de maître des chasses était fort importante, elle se transmettait de père en fils; et quand le maître des chasses n'avait que des filles, l'aînée épousait un homme apte à tenir l'emploi du beau-père. Ainsi, lorsqu'un jeune homme recherchait la fille d'un maître des chasses, il allait d'abord demander sa main au seigneur; puis, lorsqu'il avait son agrément, il se rendait près du maître des chasses, lui exposait ses intentions et celui-ci l'emmenait avec lui pendant un mois. Il le faisait chasser à coutre cerfs, renards, chevreuils, lièvres, etc.; il lui confiait le soin des chiens, l'envoyait faire le pied, dépister la bête; quand il était persuadé que le prétendu pourrait un jour dignement tenir l'emploi, il organisait une chasse au lièvre, à laquelle devaient assister tout le personnel du château et les parents du futur de la jeune fille.

Le prétendu partait avec la meute, lançait le lièvre, et après l'avoir forcé, il *sonnait sa mort :* au son du cor, chacun accourait; alors le chasseur mettait pied à terre, coupait la patte droite du lièvre et allait la déposer aux genoux de la fille du maître des chasses; si celle-ci l'acceptait, ils étaient fiancés et le mariage était irrévocablement décidé.

Nos maîtres-queux du XVIIe siècle ne voulaient jamais accommoder un lièvre qui dépassât huit mois. Tout lièvre d'un an n'était jamais servi sur la table d'un seigneur.

Il y a un ancien proverbe qui dit :

> Un lièvre vieux et une oie vielle
> Du diable est la nourriture habituelle.

La faculté de médecine d'Angers, en 1705, n'approuvait pas l'usage du lièvre comme aliment. Les docteurs d'alors prétendaient que sa chair sèche et mélancolique épaissit le sang, qu'elle cause des obstructions au foie et à la rate, qu'elle nuit aux poumons et empêche de dormir.

LE LAPIN. — Lepus Cuniculus (Linn.).

Caractères. — Pelage gris mêlé de fauve, blanchâtre à la gorge et au ventre, oreilles de moyenne longueur, queue brune en dessus, blanchâtre en dessous, le dessous des pieds roux fauve.

Au moyen âge, le lapin s'appelait connil [1], et au XVIe siècle, connin [2]. Dans les archives de l'Université d'Angers, nous trouvons un manuscrit très-curieux sur le lapin, sur son usage comme

[1] Il existe encore dans la rue Saint-Laud, une vieille enseigne sur pierre où sont sculptés trois lapins; au bas on lit : *Aux trois connils.*

[2] On lit dans le manuscrit de *Notre-Dame Angevine*, Bibliothèque de la ville d'Angers, page 178 : Longtemps résida la royne Yolande à Angers, attendant le retour de son époux. Si advint environ l'an 1400, que elle étoit un jour allée hors de son puissant château d'Angiers, par la porte qu'on appelle la porte des Champs, se deduy par recréation avec ses gentilhommes et demoiselles et s'en alla esbattant jusque au prieuré de l'Esvière, qui est assis assez près d'iceluy chasteau sur le fleuve de Mayenne, et pour ce quelle veit le lieu delectable et en bel air, elle se assit à terre en regardant et prenant grand plaisir à veoir la situation et antiquité du lieu et pareillement à regarder quatre ou cinq jeunes chiens espaigneux qui l'avoient suivie, lesquels brilloient en ung buisson auprès d'elle et maintenoient bon devoir de faire saillir quelque beste hors de la dedans, et ainsi que la Royne regardoit ce passe temps, pensant que ce pouvoit être à qui ses chiens menoient la guerre, saillit d'ung buisson ung Connin, le quel, comme effrayé de la noyse et abboy des chiens, accourut vers la Royne se mit en son giron et là se arresta et fut longtemps ainsi comme à refuge et sauvegarde : la Royne le chérissoit et touchoit de la main sans qu'il voulut partir et sembloit à veoir qu'il eust du tout mys en oubli sa nature sauvage. La Royne était fort joyeuse, néanmoins luy jugeoit le cueur que c'estoit quelque indice et remonstrance. Si manda qu'on luy amenast gens pour le buisson deffrouer et abattre et le fault et terrier du *Connin* chercher pour savoir dont il étoit sorty. Par le commandement de la Royne, fut le buisson encontenant rasé et commencèrent à bescher tout, qu'ils trouvèrent une petite voulte en terre, en laquelle étoit une image de la glorieuse Vierge Marie tenant son enfant entre ses bras, et devant elle une lampe de verre et quant ceux qui bechoient eurent trouvé ce bel ymage ils la presentèrent à la Royne qui moult en eut grant joie et à grand plaisir et dévotion le receut. Si alla visiter le lieu où l'on l'avoit trouvé et y fit faire ung petit oratoire, et en bref y eut beau voyage et plusieurs miracles faits.

aliment et les ressources que sa chair fournit à la science. Voici la définition que l'auteur donne du mot connil (*cuniculus*) :

« Le lapin, en latin *cuniculus*, parce qu'en creusant dessous « terre, il forme une espèce de mine ou de tanière, appelée aussi « en latin *cuniculus*. C'est ce qui a donné lieu à Martial de faire les « vers suivants :

Gaudet in effossis habitare cuniculus antris;
Monstravit tacitas hostibus ille vias.

Le lapin vit en société ; on en trouve souvent plusieurs dans le même terrier. Il habite les hauteurs et les bois, et se nourrit de plantes et d'écorce. Malheur au jardin dont il est voisin ; non-seulement il broute jusqu'à la racine les plantes qui tombent sous sa dent, mais encore il ronge l'écorce des arbres à leur base, et les fait périr.

Les lapins font un grand nombre de portées par an. On en compte quelquefois jusqu'à huit ; en moyenne elles sont de quatre petits, mais il arrive assez fréquemment qu'elles donnent neuf petits.

La femelle creuse exprès un trou dans lequel elle dépose sa progéniture. Ce trou est évasé et circulaire, il est tapissé par des plantes sèches; ce sont généralement le paturin des forêts et la houlque molle.

Aussitôt que les petits sont nés, la mère abandonne son nid, ayant soin d'en boucher l'entrée, avec la terre qu'elle fait sortir à la surface du sol en creusant son trou, afin de dérober ses nourrissons aux fureurs du mâle, qui ne manquerait pas de les tuer, et aussi pour les soustraire aux mammifères carnassiers.

Lorsque les petits commencent à voir, un orifice presque imperceptible donne un peu de jour dans le terrier; cet orifice s'agrandit au fur et à mesure que la portée prend de la force.

« On ignore, dit l'auteur de l'article sur le lapin (*Dictionnaire « universel d'histoire naturelle*), malgré toutes les expériences qui « ont été faites à ce sujet, l'heure à laquelle la mère se rend auprès « de ses petits. »

Probablement les observations de ce savant n'auront été faites que sur des lapins de la famille de ceux dont parle Boileau,

> Qui, dès leur tendre enfance, élevés dans Paris,
> Sentaient encor le chou dont ils furent nourris ;

car s'il avait étudié le lapin dans nos bois, dans nos forêts, il eût appris ce que tous les braconniers savent, que c'est à l'heure du crépuscule que la *lapine* vient retrouver ses petits pour les allaiter, et c'est aussi à ce moment que le braconnier la guette et la prend, ainsi que ses petits, en mettant à l'entrée du terrier une poche et en forçant la femelle à sortir.

Les oiseaux de proie détruisent un grand nombre de lapins; mais le plus grand destructeur de ces animaux est l'homme. Lorsque le lapin est effrayé, il frappe deux ou trois coups avec un pied de derrière, puis prend la fuite. Il ne se fait pas chasser longtemps, comme le lièvre, qui se fiant dans son agilité, fait de longs circuits; le lapin débusqué par un chien cherche rapidement un terrier ou un hallier, où il puisse se blottir et se mettre en sûreté.

Les chasseurs classent en deux catégories les lapins : le *buissonnier* et le *lapin de garenne*. C'est ce dernier qui est préféré des gourmets. Les lapins tués sur la commune d'Angrie, arrondissement de Segré, sont fort estimés.

On élève en Anjou à l'état de domesticité plusieurs espèces de lapins. L'espèce qui semble la meilleure est celle du lapin de Russie, au pelage blanc, au museau et aux pattes noires.

Le nombre des peaux de lapins qui sortent chaque année de l'Anjou s'élève à 3,500, dont les deux tiers appartiennent à des lapins domestiques [1].

Sur toutes les seigneuries étaient établies des garennes; la grande fécondité du lapin faisait que ce gibier était d'un excellent revenu. Ainsi Beaujeu raconte qu'un gentilhomme de ses amis, étant allé à la chasse avec quelques-uns de ses vassaux et trois chiens, rapporta le soir six cents lapins.

[1] Statistique sur les animaux à fourrures publiée dans les Annales de la Société Linnéenne, année 1857, par le docteur Farge.

Les dégâts occasionnés par les nombreuses garennes qu'on ne cessait d'établir firent qu'en 1355, 1356 et 1376, nos rois Philippe le Long, Jean et Charles V rendirent des ordonnances par lesquelles ils abolissaient toutes garennes faites depuis quarante ans et donnaient congé à tout particulier quelconque d'y chasser sans amende.

La Faculté de médecine d'Angers regardait la graisse de lapin comme nervale et résolutive.

6e ORDRE. — LES ÉDENTÉS.

Les individus compris dans cet ordre sont : les *Paresseux*, les *Tatous*, les *Fourmiliers*, les *Pangolins*, les *Monotrèmes*, les *Échidnés* et les *Ornithorinques*. Tous ces animaux sont propres aux pays d'outre-mer.

7e ORDRE. — LES PACHYDERMES.

Caractères. — Pieds d'un à cinq doigts, ongulés ou garnis de sabots, point de clavicules, estomac simple divisé en plusieurs poches, trois sortes de dents.

Genre SANGLIER. — Sus (Linn.).

Caractères. — Quatre doigts à tous les pieds, dont deux sont grands et armés de sabots et deux très-petits extérieurs, ne touchant presque pas la terre, incisives en nombre variable, canines sortant de la bouche et se recourbant vers le haut, museau tronqué, corps garni de poils raides, douze mamelles.

SANGLIER COMMUN. — Sus Scrofa (Linn.).

Caractères.—Corps couvert de soies d'un brun noirâtre, raides, dures, plus longues sur le dos et autour des oreilles, oreilles courtes, droites, mobiles yeux petits, défenses prismatiques recourbées en dehors et en dessus.

Lorsque la défense supérieure se tronque obliquement à sa face antérieure par son frottement contre celle d'en bas, ce qui arrive à l'âge de cinq ans, les chasseurs disent que le sanglier est *miré;* la défense inférieure est aiguisée en pointe, les défenses atteignent chez les vieux mâles des proportions qui en font une arme terrible, les molaires sont au nombre de cinq et la première d'en bas est écartée des autres. La queue est fort courte et droite, les jambes sont épaisses et les pieds terminés par quatre sabots, dont les deux plus grands posent sur le sol.

La femelle, plus petite que le mâle, s'appelle *laie ;* dans nos anciens auteurs elle est désignée sous le nom de « sanglière. »

> Je conserve toujours un embonpoint égal :
> Chasser le jour, la nuit, à pieds comme à cheval,
> Le fusil sur l'épaule, en carrosse, en litière,
> Forcer chevreuil, cerf, daim, sanglier, *sanglière;*
> Manger froid, boire chaud, dormir couché, debout;
> Un garçon comme moi s'accommode de tout[1].

Les petits sont appelés *marcassins.* Quand le sanglier a un an, il s'appelle *bête de compagnie,* parce que, jusqu'à deux ans, il ne quitte pas sa mère ; à deux ans, on le nomme *ragot,* à trois, *sanglier en son tiers,* à sept ans, *vieux sanglier.* Le lieu où il se retire se nomme *bauge.* D'après une légende, la petite ville de Baugé, *Balgiacum, Baugeium, Baugium,* en latin, tirerait son nom de ce qu'un comte d'Anjou, après avoir forcé un sanglier dans une forêt près du lieu où se trouve la ville actuelle, aurait fait découper en très-minces lanières la peau de ce pachyderme, et s'en serait servi, comme autrefois Didon voulant fonder Carthage[2], pour tracer le contour d'une ville qu'il comptait bâtir. C'est en souvenir de ce fait qu'on a désigné cette ville sous le nom de *Bauge,* puis *Baugé.*

Nous donnons cette légende pour ce qu'elle vaut. Mais nous avons encore, dans nos campagnes, de vieilles locutions qui ont

[1] *Le Curieux impertinent,* acte II, scène 3.

[2] Devenere locos, ubi nunc ingentia cernes
Mœnia, surgentemque novæ Carthaginis arcem ;
Mercatique solum, facti de nomine Byrsam,
Taurino quantum possent circumdare tergo.
(VIRGILE, *Æneidos*).

quelque rapport à un fait de ce genre ; ainsi l'on dit *bauger*, pour mesurer ; *bauge* pour mesure.

Les armes de la ville de Baugé représentent un *sanglier de sable dans une bauge de sinople.*

Le sanglier se nourrit d'herbes, de glands, de racines, de pommes de terre, et quand il mange de l'herbe, on dit qu'il *herbille ;* quand il mange des glands, on dit qu'il *mulote*. Cette dernière expression est empruntée des amas de glands que font les mulots dans les forêts et qui sont souvent découverts par les sangliers. On dit qu'il *fouge,* lorsqu'à l'aide de son museau il laboure la terre pour y trouver des larves d'insectes, dont il est très-friand ; *ventrouiller* s'emploie pour dire que le sanglier se vautre dans la boue.

La chasse au sanglier a toujours passé pour dangereuse : cet animal, d'une nature timide, ne connaît point de borne à sa fureur, lorsqu'il est attaqué et surtout lorsqu'il est blessé.

Au moyen âge, on ne commençait la chasse du sanglier qu'au mois de septembre ; c'était avec l'épieu ordinairement qu'on l'abattait. Mais tout gentilhomme tenait à insigne honneur de mettre, du haut de son cheval, un sanglier hors de combat, avec une épée *longue, forte et bien amourée.*

Les veneurs qui couraient le sanglier, portaient un pourpoint fourré de gris sur une robe courte, de couleur verte, serrée avec une ceinture de cuir d'Irlande, à laquelle était appendu un couteau de chasse appelé *quenivet*, des chaussettes, des bas, des bottes fortes, des éperons sans or ni argent, puis le cornet d'ivoire pendant au cou.

Après la chasse du cerf, c'était celle du sanglier qui était la plus tenue en honneur.

Il est un vieux proverbe qui dit :

> Au cerf la bière
> Au sanglier le mière.

Le mot mière veut dire médecin; ce qui signifie qu'on guérit plus aisément la blessure faite par le sanglier, que la blessure faite par le cerf, laquelle est presque toujours mortelle.

Le sanglier est très susceptible d'éducation ; j'en ai vu un, dans une ménagerie, qui dansait, saluait, faisait des gestes grotesques au commandement de son maître.

C'est du sanglier que sont provenues toutes nos variétés du cochon domestique.

Les sangliers sont aujourd'hui extrêmement rares, dans notre province. Les chasseurs savent le nombre de ceux qui se trouvent dans nos forêts ; ils ne sont que de passage, et solitaires. La forêt de Vezins est la seule forêt, où l'on en connaisse actuellement.

Autrefois ils étaient très-communs, à tel point que les terres environnant les forêts n'étaient pas cultivables. Chaque fois qu'on voulait les ensemencer, on était sûr de voir, la nuit, les sangliers arriver par bandes et fouger, dans le sol fraîchement remué, pour y trouver des insectes.

La faculté de médecine d'Angers, en 1705, donnait sur la chair du sanglier les avis suivants :

« Le sanglier nourrit beaucoup et fournit un aliment qui ne se dissipe pas aisément, sa chair se digère plus facilement que celle du cochon ordinaire. Elle produit des humeurs grossières et elle ne convient point aux personnes oisives et délicates.

« Toutes les parties du cochon sauvage contiennent beaucoup d'huile, plus de sel volatil que le cochon ordinaire et moins de phlegme.

« Le sanglier convient principalement, en hiver, aux jeunes gens d'un tempérament chaud et bilieux, à ceux qui ont un bon estomac, et aux personnes qui fatiguent beaucoup.

« La graisse du sanglier appliquée extérieurement est résolutive, émolliente, fortifiante et adoucissante.

« Le sanglier se mange rôti, ou fricassé avec des navets ; il n'en est pas ainsi de la *hure* (c'est-à-dire la tête) ; elle s'accommode à part, mais un pareil morceau ne convient qu'aux gens riches. »

Solipèdes.

Genre CHEVAL. — Equus (Cuv.)

Caractères. — Six incisives à chaque mâchoire qui, dans le jeune âge, ont leur couronne carrée marquée par les lames d'émail, qui s'y enfoncent ; les mâles ont de plus petites canines qui manquent, presque toujours, aux femelles ; les mamelles sont placées entre les cuisses.

« La population chevaline en Maine-et-Loire est hétérogène. On y trouve, dit A. Vallon [1], une race de petits chevaux particuliers au pays ; une dégénération de la race bretonne apte aux travaux agricoles, mais trop commune pour l'armée ; des chevaux issus du croisement de ces deux races ; enfin des produits de ces mêmes races avec des étalons anglais ou anglo-normands, de pur sang ou de demi-sang du dépôt d'Angers. Ceux-ci forment une espèce métis, connue sous le nom de chevaux *Angevins*, qui fournit à l'armée bon nombre de chevaux de trait et de selle, sans caractères particuliers, mais ressemblant au type anglo-normand. Les meilleurs descendent des étalons de demi-sang ; ceux qui sortent du pur sang ont la poitrine étroite, les membres grêles, de mauvais aplombs et sont trop irritables.

« Mais l'espèce chevaline présente des différences dans Maine-et-Loire : les arrondissements de Beaupréau, de Segré, d'Angers sont les plus riches et produisent les meilleurs chevaux ; à Beaupréau et à Segré, on trouve de la distinction et du cachet ; l'arrondissement d'Angers fait bien aussi ; celui de Baugé donne des chevaux de petite taille et communs ; celui de Saumur fait peu de chevaux de selle.

« Maine-et-Loire est plutôt un pays de production que d'élevage,

[1] *Cours d'hippologie*, à l'usage de MM. les officiers de l'armée, de MM. les officiers des haras, les vétérinaires, les agriculteurs et de toutes les personnes qui s'occupent de questions chevalines, par A. Vallon, vétérinaire principal, professeur d'hippologie et directeur du haras de l'École impériale de cavalerie, etc., etc., tome II, page 526.

les éleveurs vendent leurs poulains, dès l'âge de dix huit-mois à deux ans, à des marchands qui les conduisent en Touraine, en Limousin, en Auvergne, en Normandie ; le peu qu'ils élèvent, sont livrés au commerce ou à la remonte, lorsqu'ils ont atteint leur quatrième année.

« L'hygiène laisse beaucoup à désirer : la plupart des éleveurs enferment les chevaux, en hiver, dans des écuries basses, chaudes, humides, où l'air et la lumière ne pénètrent que difficilement. Le pansage y est à peu près inconnu. Les chevaux restent dans les prés, les marais, les jachères, jusqu'au moment où les neiges ou les inondations obligent à les retirer, et ne reçoivent d'autre nourriture que celle qu'ils trouvent. Ces conditions hygiéniques nuisent au développement du cheval, à ses qualités physiques, mais elles le rendent docile, doux, sobre, rustique ; aussi ceux qui réunissent les conditions nécessaires pour entrer dans l'armée s'acclimatent-ils facilement et promptement dans les corps, et une fois acclimatés, y font-ils un bon service.

« Le dépôt d'Angers achète, dans Maine-et-Loire, des chevaux pour toutes les armes, surtout pour la cavalerie légère, l'artillerie et la ligne. »

L'ANE. — Equus Asinus (Linn.).

Caractères. — Pelage tantôt gris de souris, gris argenté, ou presque fauve, la queue n'a qu'un bouquet de crins courts à son extrémité, il porte toujours une croix noire sur les épaules.

Cet animal domestique, originaire de l'intérieur des grands déserts de l'Asie, n'est employé aux travaux d'agriculture en Maine-et-Loire que dans les environs de Doué-la-Fontaine, arrondissement de Saumur.

8e ORDRE. — LES RUMINANTS.

CARACTÈRES. — Pieds ayant deux doigts enveloppés par deux sabots qui présentent leur face aplatie, cette disposition a valu à ces animaux la dénomination de *pieds fourchus*.

Le nom de ruminant désigne cette faculté, qui leur est propre, de ramener les aliments dans leur bouche pour y être mâchés une seconde fois.

Ruminants à cornes caduques et pleines.

GENRE CERF. — CERVUS (LINN.)

CARACTÈRES. — Pelage composé de poils soyeux, dont la coloration varie avec les saisons; pieds fourchus, oreilles grandes, ouïe très délicate, odorat fin, vue excellente, dents molaires et incisives, semblables à celles des autres ruminants.

A l'époque des amours, le cerf d'une nature timide, est animé d'une fureur aveugle et devient très-dangereux. Quand, à ce moment, deux cerfs se rencontrent, ils se battent à outrance.

Les anciens attribuaient au cerf une très-longue vie, plus de cent ans. Ceci est une erreur : le cerf ne dépasse guère vingt ans.

Le cerf s'apprivoise très-facilement; mais en captivité, il ne vit pas longtemps : il lui faut l'espace et l'air des champs.

Autant les cerfs sont rares aujourd'hui, autant ils étaient communs, en Anjou, au moyen âge. Plusieurs de nos comtes permirent aux abbayes d'en faire tuer sur leurs domaines, pour nourrir les frères malades, pour faire des ceintures et des gants aux religieux et surtout pour couvrir les livres de leurs bibliothèques.

Lorsqu'un haut et vénéré personnage venait à mourir, il était d'usage de l'ensevelir dans une peau de cerf [1]. C'est ainsi que furent

[1] En 1793, on ouvrit à Saint-Denis le tombeau du roi Louis VIII, on trouva son corps enveloppé dans un sac de peau de cerf auprès duquel étaient un reste de sceptre de bois pourri, un diadème qui n'était qu'une bande d'étoffe tissue en or et une calotte d'étoffe satinée. (Procès-verbal de l'ouverture des caveaux de Saint-Denis.)

retrouvés les corps du bienheureux Robert d'Arbrissel, fondateur de l'ordre de Fontevrault, de saint Brieuc, dont le corps reposait dans l'abbaye Saint-Serge et Saint-Bach, de saint Florent, etc. Cependant la peau du cerf n'est pas de plus longue durée que celle du bœuf, du cheval, de l'âne, et l'on s'est livré à de nombreux commentaires pour savoir d'où venait cet usage. Les uns pensent qu'il a pris naissance sur ce préjugé, qui attribue au cerf une très-longue vie, et là, ils ont vu un symbole de l'immortalité ; d'autres se sont appuyés sur ce passage du second livre des psaumes, verset XLI : *Quemadmodum desiderat cervus ad fontes aquarum, ita desiderat anima mea ad te Deus !*

« Comme le cerf soupire après les eaux , de même mon cœur soupire vers vous, ô mon Dieu ! »

CERF D'EUROPE. — CERVUS ELAPHUS (LINN.)

CARACTÈRES. — Pelage gris brun pendant l'hiver, en été d'un fauve clair, avec une ligne brune plus foncée sur la région médiane du dos, et sur les côtés de laquelle sont des taches d'un jaune clair ; tête allongée, le mâle se distingue de la biche par les bois et par les canines à la mâchoire inférieure.

Le faon, jusqu'à six mois, a le corps parsemé de petites taches blanches, sur un fond brun fauve ; arrivé à six mois, on commence à voir paraître sur son os frontal deux tubercules, qu'on appelle *bosses*, alors il prend le nom de *hère* ; ces bosses croissent, s'allongent et deviennent cylindriques. C'est à ce moment, qu'on les désigne sous le nom de *couronnes.*

Le faon ne quitte pas sa mère de tout l'été.

Ce n'est qu'après la première année que le bois commence à se former, il n'a alors qu'une simple tige pour branche qu'on appelle *dague*, et le cerf à cette période s'appelle *daguet.*

A la troisième année, il lui vient un bois dont chaque *perche* jette deux ou trois branches nommées *cors* ou *andouillers.*

Celui de la quatrième se couronne, et l'âge fait grossir les perches et donne un plus grand développement à la couronne, qui se divise en dix ou douze branches et prend des formes variées, auxquelles on a donné les noms de *fourches, d'empaumure.*

Jamais les cerfs n'ont plus de trois andouillers à la partie antérieure de chaque fourche. Quelquefois ils n'en ont que deux. De trois à six ans, le cerf est désigné sous le nom de *jeune cerf*; à six ans, on le nomme cerf *dix cors jeunement;* à sept ans, *dix cors;* à huit ans, *vieux cerf;* à cet âge, les bois ont jusqu'à vingt-quatre branches. L'andouiller inférieur, qui est le plus grand de tous, se nomme *maître andouiller;* celui qui vient ensuite, *sur-andouiller;* et les autres, *chevillures.* La tige principale s'appelle le *merain;* la *meule,* l'anneau qui est à la base; les *pierrures,* les tubercules qui parsèment le bord; les *pelures,* les élévations du merain et des andouillers.

Les femelles des vieux cerfs mettent bas à la fin de février; celles des cerfs dix cors, en mars; celles des cerfs dix cors jeunement, en avril, et celles des jeunes cerfs, en mai.

C'est au printemps que le bois du cerf tombe, il ne se refait qu'en août; la chute du bois est plus hâtive de deux ans chez les vieux cerfs.

En hiver, les cerfs et les biches se rassemblent par troupes, que l'on nomme *hardes*; au printemps, les cerfs se dispersent pour perdre leurs bois, et les femelles, pour mettre bas.

Le 6 mai 1849, un bois fossile du cervus elaphus a été trouvé dans la carrière des fours à chaux, près Doué.

Au moyen âge, les chasses étaient réglées autrement qu'elles ne le sont de nos jours : chaque mois était consacré à une chasse particulière. Ainsi, pendant le mois d'août, on chassait le cerf. Il fallait, dans notre province, le séjour d'un prince pour faire déroger à cette règle.

En 1394, un gentilhomme angevin, messire Hardouin de Fontaines-Guérin [1] publia un poème intitulé : le Trésor de la Vénerie.

[1] Hardouin de Fontaines-Guérin était le père du brave et vaillant chevalier qui, à la bataille de Baugé, tua le duc de Clarence et mit les Anglais en fuite. Le château des Fontaines est situé dans la commune des Verchers; il doit

Dans ce travail extrêmement curieux, l'auteur signale à Charles d'Anjou, frère de saint Louis, aux fils de Louis Ier, duc d'Anjou, Louis et Charles, et au roi de France, les forêts de l'Anjou où l'on peut chasser le cerf.

Pensans que eulx y preingnent pleisance,
Car le déduit aiment d'enfance;
Pour ce, leur vueil faire savoir
Et au roy vueil ramentevoir
A la fin que mieux li souveingne
De ses païs que Diex maintiegne
D'Anjou et du Maine, et, aussi
De ses bons vassaux qui, sens si,
L'aiment de loyal cuer parfait;
Les nons tout par ordre et de fait
De ses nobles forês plésans
Avant que je soye tésans
Afin que le déduis l'y membre
De plésans lieux et li remembre
Du très doulz lieu plain d'esbanoy
De la forest de Loncaunoy [1].
Et une autre qui est moult belle,
De Bersay [2] se nomme et apelle :
La forêt de Monnoys [3] vous nomme
Ou déduit prennent maint noble homme.

être, dit Bodin, considéré comme un monument historique; il transmet à la postérité l'un des plus beaux traits du patriotisme angevin, en rappelant le nom d'un des plus généreux chevaliers du XVe siècle.

[1] Cette forêt, placée à environ trois lieues nord-est de La Flèche, contenait en 1777, 500 arpents. Elle était autrefois le siége d'un fief appartenant aux comtes d'Anjou. En 1385, Guillaume Puillette, écuyer de cuisine de la duchesse d'Anjou, tenait la segrairie (intendance) de Loncaunoy.

[2] La forêt de Bersay, située à environ six lieues sud du Mans, contenait sous Louis XIV, 8309 arpents. Hardouin de Fontaines-Guérin était au nombre des gentilshommes qui avaient droit d'usage en la forêt de Bersay.

[3] La forêt de Monnoys est à trois heures sud-sud-est de Baugé et s'étend sur les deux communes de Moulihérne et du Loroux, canton de Longué. En 1664, M. Colbert de Croissy mentionnait, dans son rapport sur l'Anjou, qu'elle ne contenait que 2125 arpents, quoiqu'elle eût été beaucoup plus considérable.

A l'époque qui nous occupe, les habitants de la campagne étaient fréquemment obligés de chercher un refuge contre les gens de guerre dans les châteaux ou villes fortifiées et dans les bois. En 1387, il était reconnu que les estagiers de Fontaine-Herzon étaient accoutumés à avoir leur refuge, *en cas de nécessité et*

La forest de Baugé aprez [1]
Et Chandelais qui en est près [2]
Qui pour un roy est belle et gente :
Là treuve-t-on de mains cerfs la sente ;
Et le grant boisson de Boudré [3],
Ou maint noble a tout à son gré

de fortune, aux forêts de Monnoys et de Chandelays, et aux forteresses de Loroux, de Rennefort et de Vernoil. (Lettres de la reine Marie de Sicile, 11 mars 1387.)

[1] La forêt de Baugé est à une demi-lieue au nord de la ville de ce nom. En 1447, une grande partie de cette forêt fut brûlée : aussi est-il dit, dans les registres de la Chambre des Comptes d'Anjou, que la forêt de Baugé était fort peu de chose auprès de celles de Monnoys et de Chandelays. En 1664, elle comprenait 300 arpens, dont 150 seulement étaient plantés. (Mémoires de Colbert de Croissy.)

[2] La forêt de Chandelais, également célébrée par Hardoyn, est située à une lieu sud-est de Baugé. Son nom s'écrivait autrefois Chandelays et Champdeles. Les trois dimanches précédant la Toussaint, les personnes qui voulaient mettre des porcs au parnage, dans les forêts de Monnoys ou de Chandelais, venaient se faire inscrire dans les bois de Generre, faisant partie de Monnoys, par chacun des segrayers compétents. Chandelais contenait, en 1664, 1200 arpents ; il n'y avait que 1000 arpents de plantés.

[3] Le grand Buisson de Boudré était aussi, au XIVe et au XVe siècle, Boudroy et Bouldré. Il se composait de bois et de landes : les bois ont été défrichés et mis en culture. Les landes, qui existaient encore en 1855, époque où M. Jérôme Pichon écrivait sur Hardoyn de Fontaines-Guérin, sont actuellement labourées. Une grande exploitation agricole se fait dans ces vastes plaines, où le botaniste était joyeux, il y a encore quelques années, de pouvoir récolter la Linaigrette à larges gaines (*Eriophorum vaginatum*, L.), plante qui ne croissait que dans cette seule localité. Je l'ai trouvée dans les landes de Bouldré en 1845, sur les indications qui m'avaient été données par mon savant et regretté maître, le docteur Guépin. Cette plante a été découverte en Maine-et-Loire par l'abbé Baudouin. Bouldré se trouve dans le canton de Briollay, arrondissement d'Angers, à une lieue de la petite ville de Seiches, sur la rive droite du Loir. L'île du Loir, qui appartenait à Hardoyn, est à une demi-lieue au nord de Bouldré. Le roi René, étant à Lyon, le 6 juin 1466, donna à Jehan Pasquier, queux du roi de France, l'office de segrayer de Bouldré, que tenait avant lui Pierre le Bouteiller, receveur ordinaire d'Anjou, et, comme Jehan Pasquier était continuellement occupé au service du roi, et qu'il n'aurait pu exercer en personne ces deux offices sans manquer à l'un ou à l'autre, le roi René lui permit de faire exercer l'office de segrayer, mais par Pierre le Bouteiller seul.

Souvent grant venaison trouvée :
Et Belle Poule l'esprovée [1]
D'estre de maint cerf bien garnie
Et les ylles sans vilonnie,
Qui du Pont de Cê se surnoment [2].
Et un boysson que, de ça noment
Et appellent le Breuil de Fains [3]
Dont yssent mains grans cerfs au plains.
Mais ore n'en vueil plus parler,
Ains vueil a ma matere aler
Et vous démonstrer justement
Par quel point, pourquoy ne comment,
On doit corner droite cornure,
Selon le point et la mesure
De forme de corner a point
Pourra trouver de point en point
Comment on doit à fin mener
Chasse de cerfs, et y corner
Selon la coustume et l'usage
D'Anjou, où maint grant cerfs ramage.

[1] La forêt de Belle-Poule existait encore en partie en 1664 (Mémoire de Croissy) et pouvait avoir trois quarts de lieue d'étendue, dont un tiers environ était planté de chênes, d'ormes et de frênes. Elle était située à une lieue d'Angers, et était entourée par les rivières de Loire et d'Authion. L'emplacement de cette forêt, aujourd'hui complétement déboisé, s'appelle encore l'île de Belle-Poule. C'est une plaine d'environ deux lieues de longueur, renfermée entre la Loire, l'Authion et la digue qui, à partir de la Daguenière, s'éloigne de la Loire pour prendre la direction d'Angers. En 1470, le roi René fit prendre et lier les cerfs et biches étant dans les douves (ou fosses) de son château d'Angers, et les fit conduire par eau dans la forêt de Belle-Poule. Bertrand Gosmes, garde des bestes et oiseaulx du Roy, reçut 35 sous tournois, le 9 novembre 1470, pour les frais de cette expédition (p. 1342, p. 82). C'est dans la forêt de Belle-Poule que furent choisis les bois qui servirent à la construction d'une frégate à laquelle, en souvenir de ce fait, on donna le nom de Belle-Poule. C'est cette frégate qui ramena de Sainte-Hélène le corps de Napoléon Ier.

[2] Les îles des Ponts-de-Cé sont au nombre de quatre ou cinq ; elles sont à une demi-lieue de la ville des Ponts-de-Cé, en remontant la Loire ; elles sont aujourd'hui entièrement déboisées. En 1469, elles étaient déjà habitées en partie. (*Inv. d'Anjou*, 754 à 768.)

[3] Le Breuil de fains (c'est-à-dire le bois de hêtres) n'existe plus. Il était situé à trois lieues nord-est de Baugé, entre les communes de Chavaignes, Chigné et Genneteil, près Noyant.

(Notes de Jérôme Pichon sur le *Trésor de Vénerie*.)

Catherine de Médicis pour faire sa cour à François Ier, lorsqu'elle n'était encore que dauphine, avait formé une petite troupe, qu'on appelait, dit Brantôme, « la petite bande des dames, » avec laquelle elle allait courre le cerf : elle était toujours accompagnée dans ces excursions de François de Rohan, seigneur de Gié, du Verger, baron de Château-du-Loir, de Mortier-Crolle et de Marigny.

Catherine de Médicis aimait la chasse avec fureur ; elle fit plusieurs chutes de cheval, qui pensèrent lui devenir fatales, et dut la vie, plus d'une fois, à son intrépide compagnon ; outre la rupture d'une jambe, elle reçut une blessure à la tête, à la suite de laquelle elle fut trépanée.

Charles IX vint au château du Verger, le 8 novembre 1565. Le seigneur de ce lieu avait organisé une chasse en l'honneur de ce monarque, dont tout le monde connaît la grande passion [1]. On

[1] Charles IX fut un des plus grands chasseurs qui aient existé. Il entreprit ce qu'aucun autre n'avait osé faire avant lui : il attaqua un cerf à vue et sans aide de chiens courants ni lévriers, sans prendre même de relais. Il le poursuivit par monts et par vaux à course de cheval, avec tant de fureur qu'enfin le cerf fut forcé et rendu. Jean-Antoine de Baïf, fils de l'Angevin Lazare de Baïf, ambassadeur à Venise en 1530, célèbre cet exploit dans une pièce de vers devenue fort rare aujourd'hui, et qu'on a bien voulu nous communiquer :

> Au mont Ménalien, Hercule si bien guette
> Comme dehors du fort l'estrange cerf se jette,
> Cherchant son viandis, que d'un trait non fautif
> Il traverse le flanc de ce monstre fuitif ;
> Mais vous, non pas d'aguet, combien que d'embuscade,
> Vous pensiez le tirer de seure arquebuzade
> Trop plus juste tireur que ce vaillant archer ;
> Mais tout ouvertement vous aimastes plus cher,
> A course de cheval le poursuivant à veue,
> Une chasse achever encore non cogneue,
> N'y faicte d'aucun Roy. Sans levriers, sans clabauts,
> Avez forcé le cerf et par monts et par vaux,
> Maumené de vous seul, monstrant que la vitesse
> Ne sauve le couart, quand le guerrier le presse.
> C'est le cheval guerrier, qui sous un roi vaillant,
> Magnanime guerrier, non vaincu bataillant,
> Orgueilleux de sa charge, et de course non lente
> Acconsuivit la beste en ses membres tremblante,

lança le cerf; le roi le poursuivit avec une telle ardeur, qu'il laissa loin derrière lui sa suite.

Charles IX fut ravi de cette chasse et de la manière dont les gentilshommes avaient sonné du cor, dignes rivaux du duc d'Alençon, de Huet de Nantes et du sire de Montmorency.

Du corner d'Anjou justement
Entendent ceulx parfaitement
Scevent corner li aucun ;
Pour ce mais raport à chacun [1].

Charles IX chassa plusieurs fois le cerf, pendant son séjour en Anjou. Entre autres forêts, où il se donna ce plaisir, nous citerons la forêt de Belle-Poule. Un grand dîner fut offert au roi, lorsqu'il vint coucher au château de Brissac : un cerf entier, la tête ornée de ses bois, tenait le centre de la table ; on voit encore la cheminée qui servit à rôtir cette pièce gigantesque.

Henry IV, pendant le temps qu'il passa en Anjou, se livra à de grandes chasses, au Plessis-Macé et au Verger. Il y eut, dans cette

Et sous vostre esperon légier obéissant
De la prise espérée vous rendit jouissant.
Que ne suis-je Conon, maistre en la cognoissance
Des astres du haut du ciel ! Là-haut votre semblance
En veneur estoilé, la trompe sous le bras,
L'épieu dedans le poing, vostre cheval plus bas,
D'estoilles flamboyroit Orion qui menace,
La tempeste et l'éclair vous quitteroit la place,
Non pour donner l'orage aux humains malheureux,
Mais pour favoriser les veneurs bienheureux.
Moy donc ce que je puis, vous mon grand Roy je chante,
Avecque le cheval, la beste trébuchante ;
Au coup de vostre main, sur un chêne branchu
Vouant du chef du cerf le branchage fourchu,
Le roi Charles neufvième, et premier qui a vue,
Sans meute sans relais, à la beste recrue,
Piquant et parcourant fait rendre les abbois,
En consacre la teste à la dame des bois.

[1] *Trésor de la Vènerie*, page 72.

terre, une chasse aux lanternes [1]. Lorsque le cerf fut mis à mort, le seigneur du lieu coupa la patte gauche de l'animal, et mettant un genou en terre, la présenta au roi, suivant l'usage, dans un magnifique plat d'or aux armes des Rohan, ensuite eut lieu la curée à laquelle le roi prit un vif plaisir.

Voici les prescriptions ordonnées par la faculté de médecine d'Angers, en l'année 1705, à l'égard de la chair du cerf :

« Le cerf doit être gras, tendre, bien jeune et même qui tette encore, si on peut le trouver tel.

« Sa chair est fort nourrissante et elle produit un aliment solide et durable.

« A mesure que le cerf vieillit, sa chair devient dure, compacte, difficile à digérer, pesante sur l'estomac, et propre à produire des humeurs grossières et mélancoliques. Galien en désapprouve fort l'usage, et Avicenne prétend que cette chair cause des fièvres quartes.

« Le cerf contient en toutes ses parties beaucoup d'huile et de sel volatil alkali.

« Il convient en tout temps aux jeunes gens bilieux, qui ont un estomac fort et robuste, et qui sont accoutumés à un grand exercice de corps ; mais les vieillards, les personnes faibles et d'un tempérament mélancolique doivent s'en abstenir. »

La faculté de médecine d'Angers ordonnait pour arrêter les diarrhées et les vomissements de sang une gelée faite avec la raclure de corne de cerf.

La moelle et la graisse de cerf étaient employées pour les rhumatismes, pour résoudre, pour fortifier les nerfs, pour la goutte sciatique et pour les fractures.

On faisait prendre, par jour, une dragme de sang de cerf desséché au soleil, aux malades atteints de pleurésie [2].

[1] L'auteur anonyme de la *Vie d'Henri IV* assure avoir appris d'un homme de condition qui accompagnait ce prince dans toutes ses chasses, que jamais on ne lançait un cerf, sans qu'il n'ôtât son chapeau, ne fît le signe de la croix, et puis piquait son cheval et suivait le cerf

[2] Université d'Angers, Faculté de Médecine (liasse 9).

Les Angevins, lorsqu'ils voyageaient, avaient l'habitude d'attacher à la selle de leurs chevaux une outre de peau de cerf, dans laquelle ils mettaient du vin.

On lit dans la vie de saint Maur, que ce vénéré personnage, étant allé visiter une des fermes de son monastère, vit arriver à lui, le visage couvert de sueur, Ausgaire, archidiacre de l'Eglise d'Angers; le saint abbé voulut le faire rafraîchir, malheureusement son outre de peau de cerf était presque vide. Mais, dit l'historien qui raconte ce fait, l'homme de Dieu y suppléa par un miracle, car il multiplia tellement le reste de liqueur que contenait son outre, qu'elle suffit pour désaltérer soixante dix-huit personnes, qui se trouvaient là.

CERF-CHEVREUIL. — Cervus Capreolus (Linn.).

Caractères. — Bois s'élevant perpendiculairement au-dessus de la tête; un premier andouiller à la face antérieure dirigé en avant; un second plus haut, à la face postérieure, dirigé en arrière; point de canine au mufle.

Le chevreuil est monogame, vit en famille, perd son bois en automne et le refait à l'hiver. La chevrette porte cinq mois et met bas, au mois d'avril, deux petits, mâle et femelle, qui s'attachent l'un à l'autre pour leur vie et ne quittent le père et la mère qu'au bout de neuf mois.

Le chevreuil, de même que le cerf, vit peu de temps en captivité; éloigné des grands bois il s'attriste, dépérit et finit par succomber.

Ce charmant animal est très-susceptible d'éducation et il est facile de l'apprivoiser. Ainsi, dans ce moment, il existe, dans le parc de Saint-Jean-des-Mauvrets, parc de 30 hectares appartenant à M. le comte du Rouzai, une chevrette, qui vient quand on l'appelle et suit comme un chien.

Il y a une quarantaine d'années, le chevreuil était rare en Anjou: on désignait quelques couples dans la forêt d'Ombrée. Depuis vingt-cinq ans environ, il est devenu très-commun, grâce aux actionnaires des forêts du gouvernement, qui les ont repeuplées de chevreuils. Aujourd'hui ce ruminant se trouve dans presque tous les bois de l'Anjou.

Voici ce que la faculté de médecine d'Angers, en 1705, pensait sur le chevreuil considéré comme aliment :

« Le chevreuil doit être choisi jeune, tendre, gras, bien nourri ; sa chair nourrit beaucoup, fournit un bon aliment, et se digère facilement.

« Quand le chevreuil est avancé en âge, sa chair est dure, coriace et difficile à digérer.

« Le chevreuil contient beaucoup de sel volatil et d'huile, il convient à toute sorte d'âge et de tempérament. »

Genre CHÈVRE. — Capra (Linn.)

Caractères. — Les animaux compris dans ce genre ont les cornes dirigées en haut et recourbées en arrière, leur menton est ordinairement garni d'une barbe pendante.

Aucune race particulière à l'Anjou ; la chèvre qu'on y élève généralement est la chèvre domestique, *Capra hircus*. L.

Genre MOUTON. — Ovis (Linn.)

Caractères. — Cornes dirigées en arrière, et revenant plus ou moins en avant en spirale, leur chanfrein est presque toujours convexe et ne porte point de barbe.

LE MOUTON ORDINAIRE. — Ovis Aries (Desm.)

Cette espèce, qui est sujette à de grandes variations de pelage, est la plus répandue en Maine-et-Loire, où l'élevage du mouton diminue de jour en jour, surtout depuis les progrès de la culture alterne ; l'arrondissement de Saumur est celui qui fournit le plus de moutons.

Genre BŒUF. — Bos (Linn.)

Le mot bœuf, dit Georges Cuvier, désigne proprement le taureau châtré. Dans un sens plus étendu, il désigne l'espèce entière, dont le taureau, la vache, le veau, la génisse et le bœuf ne sont que les différents états. Dans un sens plus étendu encore, il s'applique au genre entier, dont les espèces sont le bœuf, le buffle, le yak, etc.

Dans l'Anjou, habite une race aborigène, connue sous le nom de *race choletaise*.

Qu'est-ce que la race choletaise ?

La race désignée, sur les marchés de Sceaux, de Poissy et, aujourd'hui, de la Villette, et dans la boucherie de Paris, sous le nom de race choletaise, a été ainsi dénommée du marché de Cholet, qui était anciennement le plus important de notre contrée pour le bétail gras. Sous cette dénomination, figurent des animaux qui constituent bien une race, par leurs caractères généraux, mais qui se divisent en plusieurs sous-races, et celles-ci ont elles-mêmes des caractères particuliers distincts.

Les deux types principaux de ces races sont nommés, dans les programmes industriels, race parthenaise, et race nantaise, qui sont comprises sous le nom général de *race vendéenne*.

La race, qu'on est convenu d'appeler race choletaise, se compose de bœufs parthenais, de bœufs nantais, et des croisements de ces deux familles entre elles. Ces croisements ont créé des animaux qui participent des deux. Tantôt, c'est l'un ou l'autre des types qui prédomine alternativement ; tantôt, il s'opère une sorte de fusion qui rend la distinction extrêmement difficile, et le classement tout à fait arbitraire. La race choletaise proprement dite me paraît être le résultat de cette fusion.

La race parthenaise ou poitevine s'élève particulièrement dans la partie nord du département des Deux-Sèvres et une portion du département de la Vendée. Dans ces contrées, cette race est traitée au point de vue de l'élevage, c'est-à-dire que les jeunes animaux sont conduits au marché, dès l'âge de deux ou trois ans ; et ils sont vendus pour alimenter les pays de travail et d'engraissement.

La race nantaise est élevée, dans les mêmes conditions, dans le département de la Loire-Inférieure et la partie du département de la Vendée qui l'avoisine.

Dans tout le pays de Cholet, comprenant une partie du département de la Vendée, des Deux-Sèvres, de l'Anjou jusqu'au Layon, et de la Loire-Inférieure, on élève aussi des animaux de ces deux races, que l'on croise entre elles ; mais cette contrée n'exporte pas de jeunes animaux, comme les deux premières ; elle garde pour son travail local, et livre ensuite à l'engraissement, tout ce qu'elle produit. Mais comme l'industrie de l'engraissement est très-developpée, elle ne fait pas naître assez d'animaux pour l'alimenter, et devient tributaire des marchés de bœufs parthenais qui sortent gras de nos étables, sous le nom de bœufs choletais.

Ces races sont au reste répandues dans une partie du centre et de l'ouest de la France.

CARACTÈRES GÉNÉRAUX DU BŒUF CHOLETAIS QUI HABITE LA CONTRÉE COMPRISE ENTRE LE LAYON ET LA SÈVRE NANTAISE.

Jaune clair, ou jaune brunâtre dans le plus grand nombre des sujets, la robe du bœuf choletais est loin d'être uniforme ; c'est souvent un mélange de gris fauve, de noir et de brun, de gris brunâtre et de châtain foncé, mais sans aucune marque blanche. Le ventre est généralement d'une teinte plus claire que le reste du corps, le dessous du cou et la queue sont plus foncés. Les cils et les paupières sont noirs, avec une bordure gris blanc ; les cornes sont bien placées, ouvertes en arc, blanchâtres à la base avec la pointe noire, longues d'environ quarante-cinq centimètres et plus. La taille, dans la race nantaise, s'élève jusqu'à 1,60 ; dans les parthenais et les choletais, la taille moyenne la plus ordinaire est d'environ 1,45 ; corps allongé, dos horizontal, posture légère, tête courbe et large, fanon assez développé, queue attachée bas entre les fesses, cuir souple et mince, poil soyeux, épaules larges et droites ; distance de l'une et de l'autre au garot de 5 à 6 centimètres ; poitrine ample et sortie, coffre puissant, côte longue et amoindrie, fesses et cuisses charnues et bien descendues, hanches larges, peu relevées, souvent même un peu déprimées, croupe large et cubique. Energique et docile, le bœuf choletais est un des meilleurs travailleurs que possède la France. Sa force musculaire est telle, que, quand on n'en abuse pas, le travail n'exerce aucune influence fâcheuse sur son aptitude à l'engraissement ; il est sobre et peu difficile sur le choix de ses aliments, pendant la croissance, et quand il est en repos et soumis à un régime substantiel, il met si bien à profit les soins qu'on lui donne, qu'à poids et volume égaux, il fournit un tiers de plus de suif, que toutes les autres races françaises. Cette propriété, jointe à l'excellente qualité de sa chair, lui a mérité, sur les marchés qui approvisionnent Paris et la Normandie, une réputation qui le fait rechercher et préférer.

On doit aux migrations fréquentes de nos bœufs choletais vers les marchés de la capitale, un phénomène végétal qui n'a peut-être encore été signalé nulle part.

Dans les prairies de Cholet, croît une légumineuse très-rare; nous voulons parler du *trifolium resupinatum*, L. [1]. Ce trèfle, qui ne croît spontanément et en abondance, en Maine et Loire, que dans cette seule localité, a été retrouvé, au grand étonnement des botanistes, de distance en distance, sur tout le parcours des bœufs depuis Cholet jusqu'à Paris; on l'a observé dans plusieurs gares [2]. Ce fait de végétation, qui a paru assez extraordinaire, s'explique, à mon sens, parfaitement bien. La graine de ce trèfle se loge dans le sabot des bœufs mis à l'herbage, et c'est de cette manière qu'elle est transportée et propagée le long des routes et même sur les talus du chemin de fer.

[1] Il a été découvert par M. Desvaux, directeur du jardin des plantes d'Angers.

[2] M. Courtiller jeune a trouvé le *trifolium resupinatum* dans la gare de Saumur.

TABLE ALPHABÉTIQUE

ANGERS, IMP. P. LACHÈSE, BELLEUVRE ET DOLBEAU.

www.ingramcontent.com/pod-product-compliance
Ingram Content Group UK Ltd.
Pitfield, Milton Keynes, MK11 3LW, UK
UKHW020341180726
13839UKWH00002B/834